安托瓦内特·马特林斯
Antoinette Matlins

安托瓦内特·马特林斯是珠宝首饰领域拥有超多粉丝的作家。她的作品以8种语言出版，在100多个国家发行，被世界各地的消费者和珠宝领域行家广泛传阅。

安托瓦内特·马特林斯，职业珠宝鉴定师、英国宝石协会会员，是一位具有国际声誉的珠宝首饰专家，还是著名的作家与演讲者。曾获国际注册珠宝鉴定师协会最高奖项卓越奖。著作包括《钻石》《彩色宝石》《宝石鉴定》《珍珠》等。

作为一位专业的珠宝首饰消费倡导者，马特林斯获得了广泛认可。她发起了注册宝石学家协会在全美打击宝石投资电话诈骗的活动。她还是一位很受大众媒体欢迎的节目嘉宾，曾在ABC（美国广播公司）、CBS（美国哥伦比亚广播公司）、NBC（美国全国广播公司）、CNN（美国有线电视新闻网）这些媒体给消费者讲授关于珠宝首饰的知识及鉴别技巧。

彩色宝石

第三版

COLORED GEMSTONES

［美］安托瓦内特·马特林斯 著　高芯蕊 译

中国友谊出版公司

谨以此书献给我已去世的父亲
安东尼奥·C. 博南诺（Antonio C. Bonanno）

我的父亲于1996年过世，他在我孩提时就开始鼓励我，让我的世界充满魔力和神奇。他是我的良师益友，是我这三本书的共同执笔者。虽然他的名字没有出现在封面，但他的知识和智慧——他的言语、思想和价值观——贯穿整本书。我对父亲有着永恒的感激之情。

我的父亲挚爱彩色宝石，他为本书倾注了大量心血。作为首批宝石学专家和宝石学家协会的奠基人，他通过和世界各地其他宝石学家25年来的大力宣传，才有了本书的完成，本书是他不可磨灭的印记。

最珍稀的彩色宝石

每一颗宝石都是美丽、珍稀、独特与神秘的

可以温暖每个人心灵——红色和粉红色的宝石

稀少的红色绿柱石 也被称为红色祖母绿

（右上图）保留天然产出形态的晶体

（右下图）一颗经过切割，等待被镶嵌的闪耀宝石

一颗 6 射星光红宝石

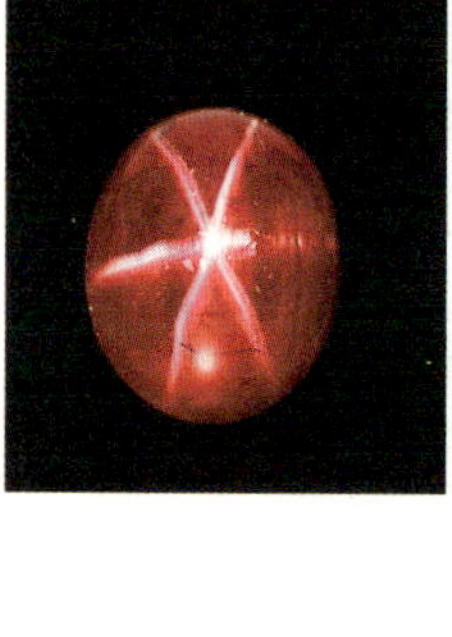

红柱石，一颗椭圆形弧面宝石和一颗稀有的圆形刻面宝石

蓝色宝石——超凡的选择

我们比过去能看到更多的蓝色宝石，包括那些新发现的宝石，如令人惊艳的帕拉伊巴碧玺——可供选择的蓝色宝石还在不断增多。

半透明硅孔雀石

在珠宝中越来越受到欢迎，这里展示的是经过一种新“花式”切工的硅孔雀石

霓虹碧玺

产自巴西帕拉伊巴

月光石（上图）展示了神奇的“月光效应”——当转动宝石时，在宝石上面可看到一道明亮、灵活和朦胧的光彩

非常优质的星光蓝宝石（左图）具有强烈的星光效应，在今天的市场上售价昂贵

黄色和橙色的宝石使日子变得轻快

展示温暖、灿烂的各种色彩和色调的黄色和橙色宝石。

日光石 较热门的新品种宝石之一，能出现橙色、红色、粉橙色和桃色等色调

红柱石

猫眼

蓝宝石

金色绿柱石

橙色蓝宝石

注意：一些颜色相似的黄晶和托帕石。黄晶经常会被误认为托帕石。黄晶是一种非常可爱的宝石，但是相比托帕石来说，光泽较暗，较常见，价格也较低。

帝王托帕石

黄晶 水晶家族的一员，颜色从浅黄色至饱和度高的琥珀色

人人艳羡的绿色宝石

如果绿色是你最喜欢的颜色，绿色宝石可供选择的颜色丰富——从淡黄绿色至高饱和的草绿色。

祖母绿　切割成和名字一样的琢型——“祖母绿型切工”

帕拉伊巴碧玺

美丽的装饰艺术时期的胸针，中央为一块优质的绿色翡翠。

实验室生长的合成品为优质稀少的天然宝石提供了美丽、平价的替代品。图片展示了合成红宝石、合成祖母绿和合成蓝宝石。

欧泊——变幻莫测的色彩世界

除了大量可供选择的白欧泊，价格亲民的火欧泊和稀少昂贵的黑欧泊同样令人激动。

（上图）盖亚·佩利坎（Gaia Pelikan）的砾背欧泊是用 18K 金和不锈钢镶嵌的。

（左图）在白欧泊中嵌入半黑欧泊的华丽吊坠，由克雷格·斯库利（Kreg Scully）设计。

澳大利亚安达穆卡晶体欧泊和安达穆卡脉石欧泊珠

墨西哥火欧泊

优质的黑欧泊

砾背欧泊

水铝石（变色硬水铝石）

变色宝石——保持神秘感

自从 19 世纪在俄国发现了稀少昂贵的变石后，具有变色效应的宝石一直是收藏家们搜寻的目标。今天，在其他地区发现的具有变色效应的宝石给我们提供了不同的选择。注意：这里展示的所有具有变色效应的宝石，左边的图片代表在日光下看到的颜色，右边的图片代表在白炽灯下看到的颜色。

变石

变色石榴石

变色尖晶石

经典琢型和切割风格

泪滴琢型，一种又重新流行起来的古老的切割方式。适合耳饰、吊坠以及项链。

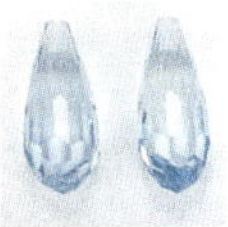

经典琢型

具圆三角形腰棱的琢型

椭圆形琢型

马眼形琢型

圆钻型

梨形琢型

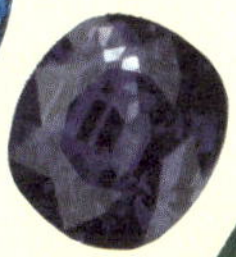
坐垫形琢型

祖母绿琢型

公主方形琢型

弧面型碧玺

高拱顶的弧面型月光石和日光石

经典高拱顶橄榄形弧面型石榴石

经典中等拱顶橄榄形弧面型祖母绿

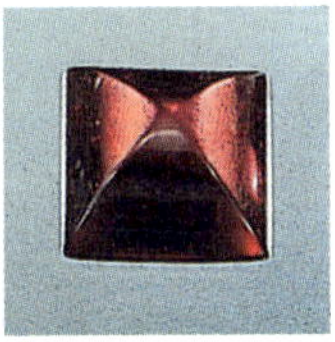

“塔糖型”切工的变款

经典扁平弧面型宝石：梨形绿松石及多色碧玺

引领潮流的宝石切割及雕刻艺术家

像戴维·布拉克纳(David Brackna)、迈克尔·戴伯(Michael Dyber)、约翰·戴尔(John Dyer)、马克·哥龙伦德(Mark Gronlund)、理查德·霍默(Richard Homer)、格伦·莱勒(Glenn Lehrer)、史蒂夫·沃尔特斯(Steve Walters)和克莱·扎瓦(Clay Zava)这样大师级别的宝石切割师改变着宝石加工世界。他们创新的下凹刻面切割风格——通常和其他技法相结合——赢得了享有盛誉的国际奖项，切割后得到的精彩新式宝石深受那些为创造独特设计而搜寻独一无二的宝石的顶级设计师推崇。

由马克·哥龙伦德完成的下凹刻面切割的三角琢型紫水晶和经传统切割方式完成的紫水晶对比。

刻面宝石切割艺术家戴维·布拉克纳的作品结合了很多技艺，包括下凹刻面切割、传统的刻面切割、雕刻和镶嵌。

约翰·戴尔是结合切割的大师，正如你在图片中看到的美丽的绿黄色黄晶、摩根石以及金色绿柱石。

由克莱·扎瓦完成的创新性枕型切割蓝色托帕石。

理查德·霍默的一组下凹刻面切割宝石（下图）展示了他作为当今宝石切割界获得顶尖奖项艺术家的精湛技艺。

戴维·布拉克纳的光学镶嵌工艺(左图)达到了极致迷人的效果;欧泊镶嵌在下凹刻面切割的绿色绿柱石底尖上。

艺术家的新创造

艺术家迈克尔·戴伯标志性的幻想式切割方式——收藏在宾夕法尼亚州匹兹堡的卡内基自然历史博物馆永久性收藏部分一颗 95 克拉的黄晶（右图 2）。他的一件运用了标志性的戴伯光学盘状技法切割的 113.24 克拉的海蓝宝石（右图 1）获得了在伊达尔－奥伯施泰因举办的第 40 届德国珠宝及珍贵宝石奖项的第一名。

这种由格伦·莱勒发明的圆环切割的宝石切割方式（上图）带给设计界极大的冲击。图片上的宝石为坦桑石、帕拉伊巴碧玺、粉色和橙色石榴石。

宝石切割的先驱巴特·柯伦（Bart Curren）的彩虹黑曜岩雕刻（右图）以及革新性的涂珐琅的石英区别于其他作品。

艺术家马克·哥龙伦德的下凹刻面切割宝石使得加里·杜拉克（Gary Dulac）的橙色黄晶吊坠（右图）更加引人注目。他的 45 克拉的海蓝宝石（上图）获得了美国贸易宝石协会宝石测试中心的前沿切割奖项。

雕刻大师史蒂夫·沃尔特斯将具有一定形态的黑色玛瑙、含有针状包裹体的石英和颜色搭配相结合，创造出可以应用在不同类型的珠宝创作的作品。

珠宝艺术家创作出的装饰艺术和佩戴艺术品

从艺术性的雕塑到精巧的珠宝盒，到富有情感的作品再到浮华的装饰风格，珠宝艺术家也从珠宝沙龙进入了博物馆和画廊。

一个由尼克拉·梅德韦杰夫（Nicolai Medvedev）制作的精美复杂的木盒。他的作品一直被拿来与费伯奇（Fabergé）的作品相比较。他的作品在华盛顿斯密森尼博物馆展出——第一个在世且作品在博物馆展出的艺术家，展出时间长达两年半，至今无人匹敌。

迈克尔·戴伯用优质青金石制作的层次丰富的、富于质感的雕塑作品。

苏珊·艾伦（Susan Allen）的**“魔幻海洋”**用天然水晶雕刻而成，在这件异想天开的三维作品中有3只海豚、张大嘴的海鳗和脑珊瑚。

由格伦·莱勒创作的两件精美的雕刻作品。左边的作品是由淡紫色的玛瑙雕刻而成，顶端镶嵌了一颗淡紫色的珍珠和钻石。

这件作品的结构像是迷宫，制作时没有用到金属或者胶水，中间的黄色蓝宝石为圆环切割镶嵌在由蓝色玉髓和染成黑色的玛瑙组成的玉石中间。它们由非常纤细的管状物固定，细小、柔韧且耐久。大小为3.5英寸×2.25英寸（约8.9厘米×5.7厘米）。

由戴维·布拉克纳创作的光学马赛克（Lightscape Optical Mosaics）作品。这件作品**由32件紫晶、黄晶、水晶和紫黄晶组成**，总重495克拉。

心形的橘色石榴石

日光石

Aromajewels® 由布莱恩·库克（Brian Cook）设计和切割，将定制的香氛疗法和自然界意象的宝石吊坠相结合，经过独特的切割和平衡，即使宝石倒转，内部的精油也不会流出来。

含金红石石英

获奖的宝石艺术家苏珊·艾伦和迈克尔·克里斯蒂（Michael Christie）将各自独特的技法相结合创作出一系列空前的作品。"essence bottles"满足人们的需求，方便人们携带珠宝去旅行。艾伦为克里斯蒂的浪漫作品进行内部的雕刻。"天上的美食"，一件包含"长柄"的三维作品可以转变为一条项链，吊坠的宝石可以拿下来作为耳饰佩戴：翡翠基座上为紫晶，顶端点缀了珍珠；下面一层基座为查罗石。长柄为天然祖母绿，上方配有珍珠，组成了一件极其迷人的坠饰（上左图）。这件作品装饰的所有宝石都为祖母绿。而那对红色碧玺耳钉（上右图）是藏在紫晶罩下的小惊喜。这件作品在宾夕法尼亚州匹兹堡的卡内基自然历史博物馆展出。

装饰宝石

颜色缤纷的不透明和半透明材料可以用来制作各种类型的珠宝或做装饰，从珠子到皮带扣。

玛瑙“赛多纳的美景” 由比尔·希尔（Bill Heher）创作，以自然景观为灵感来源，将天然玛瑙进行染色创造出蓝色的天空和棕红色的大地。

使用菱锰矿和小的三角形青金石（上图－下），和用青金石并点缀小的圆形绿玉髓（上图－上）装饰制作的纯银腰带扣，由伊丽莎白·兰德（Elizabeth Rand）设计。

彩色宝石和伟大的设计

无与伦比的匠心之作，淋漓尽致释放无限天赋

永不过时的戒指款式

经典的椭圆形琢型

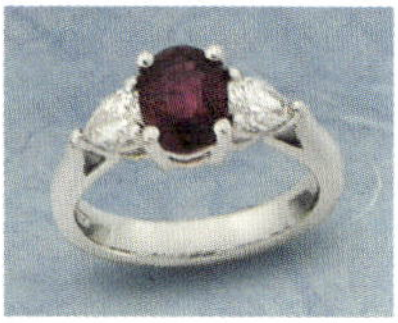

通过梨形钻石来打造经典的柔和感。

横跨戒指肩部，弧形并列镶嵌三颗梯形钻石，营造出经典与现代并存之感。

用半月形钻石打造高雅之感。

长方形和梯形配钻将目光吸引至戒指中央。

传统祖母绿型的个性化设计

自左上方起按逆时针方向：祖母绿型切割红宝石，两侧并列镶嵌两颗长方形钻石；祖母绿型红宝石两侧各配以梯形钻石及红宝石；经典祖母绿型切割配以三角形钻石；经典的方形祖母绿型切割的祖母绿配以特殊的子弹形琢型钻石。

永恒的坐垫形琢型

三款截然不同的戒指都突出了中央坐垫形琢型的主石。

（上左图）一颗经典的坐垫形琢型蓝宝石被两颗三角形琢型钻石衬托。

（上中图）一颗经改良的、现代的坐垫形琢型碧玺被圆钻型钻石围绕。

（上右图）一颗坐垫形琢型祖母绿镶嵌在高贵典雅的长方形边框中。

公主方形的琢型登上中心舞台

公主方形的琢型切割，两层呈几何形状排列的海蓝宝石将蓝宝石围绕在中央，由克里斯·科雷亚（Chris Correia）设计。

现代设计师的新经典

西蒙·G. 珠宝（Simon G. Jewelry）的绿色碧玺镶钻戒指是一个可爱的、当代经典复古设计的代表，同时他的坦桑石和红色碧玺戒指的设计也是一次大胆的创新。

布莱恩·肖尔特（Brian Sholdt）的这枚时髦的蓝宝石镶钻戒指的精湛细节呈现出复古的气息。

理查德·克莱门茨（Richard Krementz）对于彩色宝石的创新性使用取得了令人震撼的效果。

经典的群镶
彩色宝石戒圈……

……无限的可能

Color Story® 将古代主题与现代钻石群镶艺术结合起来，用一种与众不同的镶嵌突显同样特殊的橄榄石。

在这件当代戒指中，设计师史蒂夫·丹格勒（Steve Dangler）使用具有异国情调的变色硬水铝石来增添其不可抗拒的魅力。

彩色宝石戒指的大胆造型

H. 斯特恩（H.Stern）的“Boulevard”系列海蓝宝石戒指。

为酷爱大胆色彩和设计的女性量身定做的蓝宝石戒指，由获奖设计师克洛代尔·蒂博多（Claude Thibaudeau）设计。

顶级的翡翠值得配以如此豪华的镶嵌，由尼古拉·曾（Nikolai Tsang）设计。

让－弗朗索瓦·阿尔贝（Jean-Francois Albert）用风格强劲的设计平衡强烈的色彩。

独特的切工完美契合了史蒂芬·韦伯斯特（Stephen Webster）的个性设计——摩根石配群镶钻石，以及紫晶配绿色的沙弗莱石。

迪米特里王子（Prince Dimitri）在镶嵌了刻面黄晶、紫晶和海蓝宝石的戒指作品中对玛瑙、玉髓和缟玛瑙进行了艺术性的运用。

天作之合

通过运用红宝石、蓝宝石等珍贵宝石的群镶，配以蓝色托帕石和紫晶等大颗粒宝石，雷蒙德·哈克（Raymond Hak）为追求时尚的女性设计出多种颜色的韵律组合。

简单的古典设计和温暖的24K黄金的使用，使得居尔汗（Gurhan）的设计与众不同。适合如这颗黑欧泊般珍贵的宝石，同时套戒既适合单独佩戴也适宜混合佩戴。

加迪（Gadi）的设计使用经典的材质——18K白金或黄金、钻石，搭配石榴石、蓝色托帕石、黄晶、碧玺、海蓝宝石等，创造出各种大胆、现代的新款式。

斯特凡·哈夫纳（Stefan Hafner）的"Corset"（束身衣）将钻石与彩色宝石结合，创造出一种柔和、感性、流动的感觉。

设计师塔玛拉·科莫利（Tamara Comolli）喜爱将颜色进行多种方式的混搭，并做成套戒，创造出无限的可能。

获奖设计师——丰富多彩的作品

彩色宝石如今正处于前所未有的流行中。从传统的到前卫的，特殊的切割风格以及独特的颜色和颜色组合为顶尖设计师设计个性化首饰提供了无限的可能。

设计师在新系列中结合了古典与当代风格

大卫·库尼（David Cooney）的这些作品中创新性设计的灵感来自日晷，而创新性的切工灵感来自环形。

AGTA光谱奖得主赋予了非凡的鉴赏力：詹姆斯·W.柯伦斯（James W.Currens）设计的由粉色尖晶石和锰铝榴石组成的程序化轨道似的戒指。阿肖克·桑切蒂（Ashok Sancheti）设计的由摩根石、锆石和尖晶石组成的水滴形饰品。

戈登·阿塔洛（Gordon Aatlo）用黄色蓝宝石、钻石、橄榄石，创造出一种引人注目的富有现代气息的坠饰。

格伦·莱勒的TorusRing™切割在设计师中可谓风靡一时：格伦·莱勒的戒指（右图2）；肯特·雷布尔（Kent Raible）的吊坠/胸针（右图1）。

（左图1和左图2）布莱恩·肖尔特（Brian Sholdt）的这条项链呈现出典雅高贵之感，同时他的戒指和耳环中创新性的长条形切割的运用创造出惊人大胆的视觉效果。

卡尔·本茨（Karl Benz）将目光投放在了新式方形Context®切割、圆形Spirit Sun®切割，以及最新的马眼形上，营造出一种简单却独特的现代感。

适合每一种风格

设计师大卫·汉鲁贝克（David Hrubec）用玫瑰金和钻石镶嵌变色水铝石来创造出绝妙的设计表达。

设计师斯科特·基廷（Scott Keating）将多种琢型的宝石同时使用，打造出造型呈塔状或节状等元素的设计。

斯图勒（Stuller）的成品首饰系列提供了一种大胆的设计视角，正如这枚橄榄石戒指中所呈现的，但价位并不高高在上。

詹姆斯·布雷斯基（James Breski）设计了一系列古典风格的款式，如吊坠和耳钉的隐秘镶嵌——一项对人工和技艺有很高要求的技术。

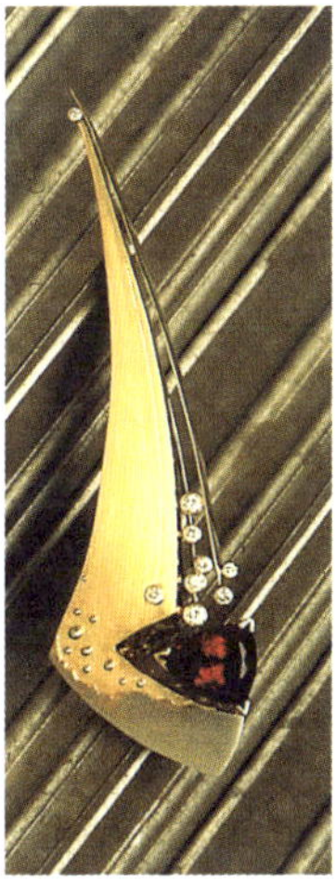

理查德·金博尔（Richard Kimball）通过材质、颜色、动感相结合，创造出独特的胸针。

由维尔吉妮娅·安德森（Virginia Andersen）设计的棋盘形切割，搭配可转动吊坠/戒指，创造出独特的获奖作品。

弧面与刻面宝石的创新性结合。威廉·里奇（William Richey）设计的戒指运用刻面黄晶与弧面紫晶来形成强烈对比（右图）。佩吉·斯泰菲奇·吉尼斯（Peggy Stephaich Guinness）运用弧面碧玺搭配刻面蓝色托帕石来制造更细微的对比，以及完全不同的风格（左图）。

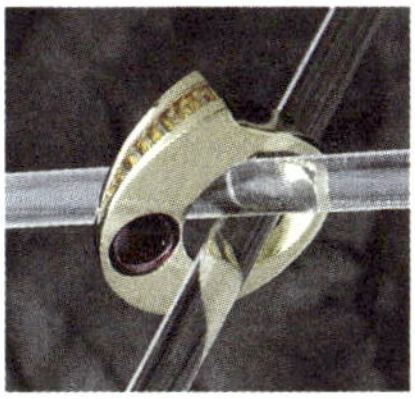

其他获奖作品

佩吉·斯泰菲奇·吉尼斯设计的时尚红玉髓与蓝宝石耳钉。

紫晶、粉晶、烟晶、粉色碧玺组成的卵石手链精致又随性。由H. 斯特恩设计。

由居尔汗设计的震撼人心的珍稀欧泊配24K黄金项链，以及红宝石、钻石和24K黄金耳环。

汤姆·特罗佐（Tom Trozzo）的“漂浮的气泡”的加工工艺，用在了紫晶耳坠中。

伊丽莎白·兰德设计的弧面和刻面橄榄石及钻石耳环在不停晃动。

绿水晶搭配钻石，以及紫晶搭配铬透辉石的袖扣。

以橄榄石和紫晶为主的手镯。迪米特里王子对雕花宝石的热爱在他的袖扣和手镯中体现得尤为明显。

整套首饰的设计

BellarriTM 这套迷人的首饰提供了任何时间、任何地点都随处可见的“颜色调色板”。

史蒂芬·韦伯斯特的“野性的玫瑰”红色碧玺和钻石吊坠以及耳环十分具有震撼性。还有一枚配套的戒指。

塔玛拉·科莫利运用子弹形弧面宝石创作的色彩丰富的耳钉、梦幻糖果 Mikado Flamenco 手链，为每一个人带来微笑（下图）。

戈登·阿塔洛设计的花式切割紫黄晶吊坠以及配套的戒指制造出强烈的现代感。

各种各样的弧面宝石

戴·弗鲁曼（De Vroomen）酷爱弧面切割。他这款碧玺和石榴石的“森林胸针”以及耳环柔和而感性，而他设计的圆锥形弧面紫晶配黄金及珐琅手链和耳环强烈而大胆。

H. 斯特恩仅仅使用单颗明亮的弧面宝石就已经掌握了艺术。

史蒂芬·韦伯斯特通过大颗弧面宝石的使用，与它们所装饰的纤细而复杂的作品形成一种有趣的对比。

墨菲（Murphy）的月光石和坦桑石吊坠以及耳环的设计唤醒了一种古老的感觉，而他设计的仅仅使用单颗明亮素面宝石紫晶配刻面蓝色托帕石吊坠又制造出一种震撼的、颇具当代感的对比。

弧面正重新流行，正如在 Gumuchian Fils 公司的戒指中所能见到的那样。

理查德·克莱门茨的弧面蓝色月光石通过群镶钻石来营造一种经典的感性。

浓艳的绿色沙弗莱石保护性地将硬度较低的弧面葡萄石环抱起来。

罗德尼·雷纳（Rodney Rayner）豪华的弧面橘色石榴石被小颗橘色蓝宝石和钻石簇拥。

雷蒙德·哈克对于有趣的弧面切工及对比颜色的大胆运用。

彩色宝石——异想天开的天赋

由H.斯特恩巧妙设计的这条蜥蜴手链孤品着实令人喜爱！由18K黄金、碧玺和红宝石打造。

奈富科（Nafco）用彩色蓝宝石、坦桑石、铬碧玺和钻石创造了一个梦幻的世界。

罗德尼·雷纳借助大胆、有趣的“space rings”系列而闻名。上：优质粉色蓝宝石和紫晶。左下：优质坦桑石和烟晶。右下：优质蓝宝石和蓝色托帕石。

塔玛拉·科莫利设计的有趣的“鱼手镯”用蓝色托帕石、黄晶、绿色和粉色碧玺雕刻。

伊丽莎白·兰德爱玩的天性在她的“微笑圆脸”中得以体现，由月光石制作，同时她的“迷迭香”项链不得不说为生活增添了许多情趣，中间突出的是海蓝宝石。

坦桑石、钻石、黑色蓝宝石和红宝石制作的“风车”戒指，由史蒂芬·韦伯斯特设计。

14K黄金、硅孔雀石和粉色碧玺组成的水手梦设计，由墨菲设计，搭配有配套的耳环。

目录 CONTENTS

第三部分　购买前和购买后的重要建议

附录

价格指南

专业图表

致　谢

在珠宝领域，有很多人帮助过我学习和理解珠宝知识，在此，我对所有帮助过我的人表示感谢。其中，一些人对我所做的工作给予了更多的支持和建议，在此我深表感谢。感谢我的父亲，还要感谢我的弟弟肯尼思·博南诺（Kenneth Bonanno）、我的妹妹卡伦·博南诺·德哈斯（Karen Bonanno DeHaas）和凯瑟琳·博南诺·帕特里齐（Kathryn Bonanno Patrizzi），跟我一起分享与讨论宝石。

特别感谢美国宝石实验室（American Gemological Laboratory，AGL）主任 C. R. 比斯利（C. R. Beesley），

他是一位伟大的老师，并且他的研究成果和领导水平让整个珠宝界受益匪浅。

特别感谢美国宝石学院（Gemological Institute of America，GIA）前副主席罗伯特·克劳宁希尔德（Robert Crowningshield）先生，他是我父亲的好朋友，对我的疑问总是耐心解答。在过去的半个世纪中，克劳宁希尔德先生的贡献在于构建了宝石学的框架。

特别感谢宝石出版社的桑德拉·科林查克（Sandra Korinchak）、波莉·肖特（Polly Short）、埃米莉·威克兰（Emily Wichland）和达内尔·斯威尼（Danelle Sweeney），跟他们的合作非常愉快，让我体验到了很多乐趣。

我还要感谢理查德·德鲁克（Richard Drucker）先生，给我提供了很多有价值的宝石价格方面的数据资料。

最后，我要感谢我的丈夫斯图尔特·马特林斯（Stuart Matlins），他给了我始终如一的支持和鼓励。由于我特殊的工作性质，需要周游世界，他一个人挨过了很多孤独的夜晚。在此，我向他说声感谢。

前言

无论你在寻找什么样的珠宝首饰，随着时间的推移，你都会有更多的选择。如新宝石品种草莓红绿柱石，或者具有新颜色的宝石，或者具有更强火彩的新式切工的宝石，还有屡获殊荣的设计师打造的精湛作品。对于任何爱宝石的人来说，购买宝石是最激动人心的事情。

但是，如果你不懂如何根据宝石特征进行鉴别，如此多的选择就会给你造成混乱。更麻烦的是，排除价格，还有很多影响你选择的因素。所以，尽可能多地了解你想要买的是什么，才是以合理价格购买和欣赏珠宝玉石的关键。

我的第一本书《珠宝和宝石：购买指南》，是我和我的父亲在80年代初期合作完成的。该书旨在帮助消费者如何更安全地购买钻石、彩色宝石、珍珠和黄金饰品，同时也提供了进阶指导。目前，经过多次改版，用英语、阿拉伯语、希腊语、俄语和西班牙语等不同语言对该书进行了几十万次的印制，直至现在，该书所提供的信息和知识仍然是不可或缺的。但是，该书每个版本都难以全面覆盖所有的彩色宝石内容，因此，才有了本书。虽然其中的一些内容在《珠宝和宝石：购买指南》一书中也有提及，但本书包含了更广泛的彩色宝石信息和知识。

今天的彩色宝石市场既有优势，也有劣势：宝石颜色比以往更鲜艳，设计更丰富，但同时也有许多仿制品、合成宝石和人工改善宝石。几乎所有的合成宝石都可以在实验室里制造出来，一些看起来很像天然宝石，也按照天然宝石的价格出售。大多数彩色宝石都进行了处理，以便看起来更稀有、美丽（详见第二部分第5章和第6章）。和其他的书一样，本书给你所需要的宝石知识，帮助你在购买或出售彩色宝石的时候做出明智的选择以降低风险。

宝石改善技术是重点领域之一，这种方法在过去常用于改变宝石的外观。坦率地讲，在1984年出版的《珠宝和宝石：购买指南》中讨论过宝石处理方法，但直到21世纪初才受到公众关注，成为众多媒体报道的焦点。今天，宝石处理变得更加普遍，所以，了解目前的宝石市场，以合理的价格买到真正想要的宝石至关重要（第二部分第6章会着重介绍）。

跟以前相比，完美的天然宝石更稀有，价格更高。没有经过任何人工处理和改善的天然祖母绿、红蓝宝石非常罕见。虽然花几个月也可以找到一颗理想大小和高质量的天然祖母绿、红蓝宝石，但一旦发现，其价格对普通消费者而言就望尘莫及了，也只有收藏家才可以拥有。

在过去的几十年中，宝石市场天然宝石的整体质量下降，越来越多优化宝石进入市场，以满足人们对红宝石、祖母绿、蓝宝石和其他宝石日益增长的需求。大多数人宁愿以一个负担得起的价格买一颗美丽的处理宝石，也不愿意花费时间和大价钱去购买一颗天然宝石。这样一来，现在珠宝店里经常出售的常见宝石种类应运而生，其中包括世界上最重要的珠宝沙龙店。

缅甸生产的未经任何处理的红宝石，因为本书第一版的影响，价格增长超过了75%。目前，这样一颗罕见的2克拉的红宝石可以轻松卖到6万美元。与此相比，一颗2克拉的经过热处理的缅甸红宝石的价格仅仅是2万美元，而经过扩散处理的红宝石成本仅有500美元。用其他方法处理的红宝石价格均在3000美元以下。这种价格差异反映了市场上对采用不同处理方法的宝石需求的差异性。所以，有一点可以很肯定：未经任何处理的天然宝石越来越稀有，需求不断上升，这种供需失衡可能会导致成本继续增高。

只要价格合理，并且对其将来外观上的变化有心理预期，买一颗经过优化处理的宝石也不是什么错事（见第二部分第 5 章）。我们在购买目前市场上所销售的各种彩色宝石时，应以它是经处理宝石为前提，确保其价格合理。但请记住，很多销售员并不知道宝石处理的相关信息。在某些情况下，销售员真的以为销售的宝石都是“天然”的。

广泛运用的宝石处理方法导致消费者对宝石检测报告产生更大的依赖，因此我鼓励大家购买稀有、天然的彩色宝石。然而，宝石检测报告不是万无一失的保证，你还需要明白正规检测报告应该包括哪些内容，以及如何阅读彩色宝石检测报告（见第二部分第 7 章）。但是，遍地开花的珠宝检测机构导致一些报告也不再可靠，甚至是错误和虚假的。因此，在购买宝石时，还必须验证检测机构及其报告的权威性和可靠性，以及报告与你所购买宝石的对应关系。

一些珠宝商意识到，某些顾客更喜欢天然宝石，而不是处理宝石，即使颜色不是很完美，或者有明显的缺陷，也可给予其合理的价格来满足他们的需求。更令人兴奋的是，人们对那些不常处理的较为冷门的宝石种类表现出了越来越大的兴趣，如红色尖晶石、沙弗莱石（一种绿色石榴石，发现于20世纪60年代）、蓝色尖晶石和橘色石榴石等，都是不错的选择（在本书第二部分第8章会有完整的列表供大家参考）。这些宝石美丽且价格合理，在高级珠宝店里经常可以见到。如果你对找到心仪的宝石感到有些困难，宝石学家或珠宝商或许能够帮助你。

总之，今天比以往有更多颜色丰富、设计新颖的宝石种类和款式可供选择，如天然宝石、优化处理宝石、合成宝石和仿宝石等，但宝石市场也更为复杂。珠宝零售性质的改变，越来越多的缺乏必要知识提供珠宝信息和准确回答问题的销售员，都使消费者比以往任何时候更迷茫。

为了帮助你轻松避免被误导，在本书第6章中介绍了一些平时我们可能遇到的欺诈行为。而我想强调的是，这样做的目的不是让你盲目相信，也不是阻止你购买珠宝，而是让你远离假冒便宜货的诱惑，并让你知道从知识渊博、有信誉的珠宝商那里购买珠宝首饰的重要性。

此外，本书所提供的信息可以让你识别一些假货或处理宝石，但是没有任何一本书可以让你快速成为专家。所以，对于购买珠宝时该问什么问题，需要获取哪些书面信息以及对要购买的珠宝如何检查等，最好参照本书。若想进一步了解宝石鉴定、宝石处理及改善等知识，请参看同系列的《宝石鉴定》（*Gem Identification Made Easy: A Hands-On Guide to More Confident Buying & Selling*），这是专门为缺乏专业知识的业余珠宝爱好者准备的。

这些年来，宝石带给我很多快乐，不管你是否对宝石感兴趣，我都希望它能带给你同样的快乐和喜悦。希望本书能给你带来满意的、愉悦的宝石购买体验。

安托瓦内特·马特林斯

导 言

纵观历史，彩色宝石因美丽、稀有、珍贵，一直都备受追捧，甚至还被赋予了某种“神奇的力量”——象征着权力、财富和爱情。每种文明、每个社会，对美丽的大自然的杰作都十分迷恋。

我们的祖先迷恋、欣赏这些美丽的石头，并渴望拥有它们来打扮自己。现在的我们与祖先一样，未来也如此。

彩色宝石已经成为流行时尚，甚至被用作订婚戒指。只要看看英国王室，伊丽莎白王太后、伊丽莎白女王、安妮公主、戴安娜王妃的蓝宝石订婚戒指，萨拉·弗格森（Sarah Ferguson）的红宝石订婚戒指，就知道彩色宝石有多么受热捧了。而寻找彩色宝石的过程是令人兴奋愉悦的，充满了期待和神奇。谨以此书，献给所有热爱彩色宝石的人。

本书旨在为广大消费者提供基础和完整的宝石购买指南，无论是个人爱好，还是作为礼物，抑或作为传家宝进行珠宝投资，本书都可以给你基本的意见与建议。本书的设计和创作紧跟市场，提供了广阔的受众范围和多元的消费场景：丈夫、妻子、父母购买宝石作为礼物送给所爱的人，年轻人的订婚戒指，游客希望买到性价比高的宝石，投资者则关注珠宝的保值等。此外，本书还讲述影响彩色宝石价格变化的因素，为防止人们受骗，还提供了一些相关列表。诚然，这本书不会让你迅速变成珠宝专家，但它可以丰富你的珠宝知识，可以使你在购买宝石的过程中从迷茫变得更自信。

儿时，受父亲的影响，我非常喜欢美丽的宝石。我的父亲是一位著名的宝石学家、鉴赏家和收藏家，被称为“现代实用宝石学之父”。他有很多个人收藏，那些让人惊叹的美丽宝石可以让我流连好几个小时，这是我学习宝石的先决条件。

首先我给大家讲个故事。一天，一个长相平平的女人拿着一颗绿色的宝石走进我父亲的办公室，她想给这颗宝石做个鉴定并估价。此前，她已经拿着宝石去咨询了一个知名的珠宝商，但珠宝商告诉她，这颗宝石只是价值几百美元的碧玺。她感到很失望，因为她和她的母亲都认为这是一颗非常完美的祖母绿，是件传家宝。当她就这个问题询问那位珠宝商时，珠宝商笑着告诉她这不可能是祖母绿。面对珠宝专家的回答，这个女人像大多数人一样接受了这个鉴定结果。几个月后，这个女人的一个朋友从史密森尼学会（Smithsonian Institution）会长那里得知了我父亲，在他的坚持下，这个女人带着宝石征询了我父亲的意见。实际上，她的这颗宝石是我父亲所见过的最好的天然祖母绿。父亲看见这颗完美的宝石后，以至于无法抑制自己的兴奋之情。即便在 40 年前，这颗祖母绿也价值 6 万美元。幸运的是，这个女人当时知道这颗祖母绿的真正价值还不算晚。

听完这个故事后，我的第一反应是那位珠宝商太“不诚实”了。但父亲解释说，事实可能并非如此，因为那位珠宝商信誉一向良好，所以父亲就这颗宝石的事情去拜访了那位珠宝商。结果他还是坚信那颗祖母绿只是碧玺，因为那颗宝石没有任何肉眼可见的祖母绿的典型特征，再加上拿它来的那个女人长相平平，所以那位珠宝商认为祖母绿只是普通的绿色碧玺。这说明，那位珠宝商可能只看过质量较差的祖母绿，经验有限，加之对那个女人的第一印象，使他对这颗完美的祖母绿在没有进行任何测试的基础上就做出了误判，但可以肯定的是，他不是故意的。

这个故事说明，消费者购买宝石时会经常遇到同样的问题：由于珠宝商缺乏经验和相关的鉴别知识，消费者会受骗或是被误导。幸运的是，越来越多的专业珠宝培训机构，如英国宝石协会和美国宝石学院，以及高校等都开设了宝石学课程，正在扭转这种局面。越来越多有信誉的珠宝商和销售员，出于保护重要客户和自身的需要，都在努力提升业务知识。

另一件事表明了相关的教育可以在判断中起一定作用。我父亲以前的一位学生在中西部城市旅游时，百无聊赖，决定去当铺里打发时间。在店里，她发现了一枚美丽的由祖母绿镶嵌而成的戒指。店主告诉她，这是一枚独一无二的完美戒指，设计非常漂亮，做工十分出色。于是她问店主，戒指上镶嵌的祖母绿是天然的还是合成的。经过仔细观察，她认为祖母绿是天然的，但由于她没有合适的检测仪器，也不能十分确定。但 500 美元的价格对一枚天然祖母绿戒指来说，显然是有点低了，她猜这个店主认为戒指上镶嵌的祖母绿是合成的。她非常喜欢这枚戒指，价格就算按合成祖母绿来说也是公道的，于是她决定冒险一试。后来她回到华盛顿，拿着这枚戒指去了我父亲的实验室，并立即进行检测。答案是，这颗祖母绿是天然的，其价值是她所支付金额的若干倍，轻而易举就能在珠宝店卖出3万美元以上的价格。结果是，她转手大赚了一笔。这件事说明，她因专业知识而获益，相反，店主却因缺少专业知识而失去了一次赚钱的机会。

我父亲和我有多年宝石商贸经验，我迫切想为广大消费者写一本关于宝石的书。《珠宝和宝石：购买指南》原版是针对普通消费者的第一本书，而本书是在《珠宝和宝石：购买指南》第五版的基础上，聚焦了彩色宝石的很多进阶知识。现如今，宝石价格正以前所未有的速度在上涨，并且还有继续上涨的可能。因此，越来越多的消费者在考虑宝石投资。诚然，宝石学专业性强，普通消费者不可能仅仅通过阅读一本书就成为专家，但这本书可以为消费者提供一些购买宝石的基本知识，从而使他们更加愉快地购买宝石。

本书涵盖了包括你在内的广大消费者购买彩色宝石前所需要了解的一切。我希望你也能像我一样在宝石世界中得到快乐。

安托瓦内特·马特林斯

第一部分

认识宝石

第1章　彩色宝石的神奇魔力

人类对彩色宝石的迷恋可以追溯到文明的开端。古人认为，蓝宝石深邃悠远的独特蓝色象征着天空的景象；而红宝石鲜艳的红色是生命的象征。从罗马时代开始，彩色宝石戒指就代表了权力，只有最强大的人才有资格佩戴。

自古以来，彩色宝石就被认为拥有神奇的魔力，能够赋予佩戴者某种特殊的能力。据说，祖母绿对眼睛好，黄色的石头可以治疗黄疸，红色的石头可以用来止血。有段时间人们认为，男人佩戴红宝石代表命令、高贵、权威和复仇；而女人佩戴红宝石则表示骄傲、固执和傲慢。男人佩戴蓝色的蓝宝石，代表智慧和宽容；而女人佩戴则表示爱的嫉妒、礼貌和谨慎。男人佩戴祖母绿象征愉快、转瞬即逝的希望和友谊的衰退；而对女人来说则表示平静、童真般的喜悦和改变。

彩色宝石，因神奇的力量被人们广泛使用，当作护身符、驱邪灵物、预测石，或者辅助治疗某种疾病等，甚至是许多宗教习俗的必备之物。

十二星座幸运石

下面列出的十二星座幸运石及其特殊功能来自早期印度教传说。

水瓶座（1.21—2.21）	石榴石——守护水瓶座佩戴者的友谊
双鱼座（2.22—3.21）	紫晶——让佩戴者集中精神，保持良好的睡眠
白羊座（3.22—4.20）	血玉髓（红斑绿玉髓）——赋予佩戴者智慧
金牛座（4.21—5.21）	蓝宝石——治疗精神紊乱
双子座（5.22—6.21）	玛瑙——长寿，健康，财富
巨蟹座（6.22—7.22）	祖母绿——永恒的喜悦
狮子座（7.23—8.22）	缟玛瑙——可以让佩戴者远离孤独和不快乐
处女座（8.23—9.22）	红玉髓——成功
天秤座（9.23—10.23）	橄榄石——让天秤座佩戴者远离邪恶的诅咒
天蝎座（10.24—11.21）	绿柱石——让天蝎座佩戴者远离悲伤忏悔

射手座（11.22—12.21）托帕石——护身符，但必须时常佩戴

摩羯座（12.22—1.20）红宝石——该星座的佩戴者永远不知道什么是烦恼

一个可能从阿拉伯传入的古老西班牙列表，对十二星座幸运石是这样描述的：

水瓶座——紫晶

狮子座——托帕石

双鱼座——无

处女座——磁铁（磁石）

白羊座——水晶（石英）

天秤座——碧玉

金牛座——红宝石和钻石

天蝎座——石榴石

双子座——蓝宝石

射手座——祖母绿

巨蟹座——玛瑙和绿柱石

摩羯座——玉髓

生辰石的演变

古老的传说认为，每种石头都与一年的12个月相对应，每个月的生辰石都被赋予了一种特殊的功能，可以传递到这个月出生的人身上，这种说法至少可以追溯到公元1世纪。有猜测认为，在犹太大祭司胸甲上的12块石头就可能与这个概念有关。公元8~9世纪以来，《圣经启示录》开始将十二门徒与这12块生辰石联系起来。然而，印度教徒却有自己的解释。

但不管什么原因，事实是清晰的。正如乔治·F. 孔兹（G.

F. Kunz）在《珍贵宝石的奇幻传说》（*The Curious Lore of Precious Stones*）中所指出的，佩戴镶嵌有自己生辰石的戒指或首饰的人会深信不疑，与其他石头相比，生辰石与自己有着更亲密的关系，无论其他石头多么美丽和昂贵。生辰石具有某种难以言表的、不可小觑的真实意义，恒久弥新，紫绕在拥有浪漫心灵的人的脑海里。

下面是目前宝石界通用的生辰石列表（与 1952 年的另一个列表略有不同，对于那些记住早期列表的人来说可能会混淆）。

生辰石

月份	生辰石	可替换的生辰石
1 月	石榴石	
2 月	紫晶	
3 月	海蓝宝石	血玉髓（红斑绿玉髓）
4 月	钻石	
5 月	祖母绿	
6 月	珍珠（天然、养殖）	月光石或变石
7 月	红宝石	
8 月	橄榄石	
9 月	蓝宝石	
10 月	欧泊	碧玺
11 月	托帕石	黄晶
12 月	绿松石	坦桑石或锆石

除了 12 个月份生辰石，每个国家、每个季节、每周、每天，包括各种纪念日，都有与之相对应的宝石。

结婚纪念石

年份	纪念石	年份	纪念石	年份	纪念石
1	黄金	9	青金石	25	南洋白珠
2	石榴石	10	钻石	30	珍珠
3	珍珠	11	绿松石	35	祖母绿
4	托帕石	12	翡翠	40	红宝石
5	蓝宝石	13	黄晶	45	蓝宝石
6	紫晶	14	欧泊	50	金色珍珠
7	缟玛瑙	15	红宝石	55	变石
8	碧玺	20	祖母绿	60	钻石

宝石颜色及其神秘的象征意义

我们的祖先也知道宝石的各种颜色。宝石不仅有各种颜色，而且不同颜色还与个人的特质相关联。随着时间的推移，宝石色彩被赋予了与性格关联的象征意义：

黄色	男人：秘密（对沉默的情人更合适） 女人：慷慨
白色（无色）	男人：友谊、正直、信仰与承诺 女人：纯洁、亲切、沉思
红色	男人：命令、高贵、权威和复仇 女人：骄傲、傲慢、固执
蓝色	男人：智慧、大度 女人：嫉妒、礼貌、谨慎

续表

绿色	男人：欢乐、短暂的希望、衰退的友谊 女人：平静、童真般的喜悦
黑色	男人：庄重、良好的感觉、坚定和力量 少女：浮躁和愚蠢 已婚妇女：永恒的爱和毅力
紫色	男人：清晰的判断、庄重、勤劳 女人：高尚的思想和精神上的爱

令人激动的宝石新世界——颜色和品种

如今，宝石被人们选用和佩戴，主要因其内在的美丽，而不是一些虚构的特殊功能。我们可以拥有一颗自己喜欢和欣赏的生辰石，但我们对珠宝的选择通常还是取决于个人的喜好、风格和经济实力。当下的彩色宝石领域可提供的选择范围非常广泛，这可能也会影响个人的选择。新的宝石种类被发现，以及已知宝石的新色系，都扮演着非常重要的角色。如果你喜欢红色，有红宝石、红色石榴石、红色碧玺、红色尖晶石，甚至是红色钻石和红色祖母绿可供挑选（在宝石学中，所称的红色祖母绿即红色绿柱石，详见第二部分第9章祖母绿）。如果你喜欢蓝色，有蓝宝石、堇青石、蓝色尖晶石、蓝色托帕石、蓝色碧玺、坦桑石和蓝色钻石可供挑选。如果你偏爱绿色，祖母绿、沙弗莱石、绿色锆石、绿色碧玺、绿色蓝宝石、橄榄石，甚至绿色钻石，都可以列在你的备选清单中。对于那些喜欢介于蓝色和绿色之间、如电光般闪耀的透明宝石的人来说，首次发现于巴西的帕拉伊巴碧玺是最佳选择。它十分罕见，甚至被许多人认为其典型的颜色是本世纪发现的最令人兴奋的宝石色彩。

下面的章节将更细微着眼于彩色宝石的颜色、价格等，让你有更宽泛、实惠的选择。

第 2 章　觅得你的真心所想

购买宝石不能撞大运，有太多的风险，缺乏专业知识的普通消费者总是铩羽而归。最好的方法就是购买熟知的宝石，这是最基本的规则。宝石学家受过专业培训，具有丰富的实践经验，而普通消费者则不然，不能指望像宝石学家那样做出准确的判断。所以，普通消费者要从宝石的评价因素入手学习如何鉴别、评价宝石，包括颜色、净度、切工、火彩、克拉重等。在购买宝石前，根据这些标准，去市场上多看多听多咨询，这样你就能快速成为明智的消费者，买到心仪的宝石。

如果你想买宝石，就试着去了解尽可能多的知识，最好带上亲朋好友一起去；还要去信誉好的珠宝店，多看一些完美的宝石，然后再去其他珠宝店进行对比，一定要记住它们在颜色、火彩和切工上的差异。如果各家珠宝店价格不同，就咨询销售人员，让他们告诉你宝石在颜色、切工或火彩上的不同之处。

如果他们说不出来，就选择去另一家更专业的珠宝店购买。

在你考虑购买珠宝前，如下几个关键的问题需要你思考：

- 宝石的颜色喜欢吗?
- 宝石的琢型是想要的吗?
- 宝石看上去充满活力吗?
- 这颗宝石让你心潮澎湃吗?
- 宝石的价格你能接受吗?

如果你对以上问题都是肯定的回答，那么你就可以购买宝石了。

检查宝石的 6 个步骤

1. 如果可能的话，最好从镶托上取下宝石，观察裸石。裸石的缺陷比较容易暴露，不会被镶托或配石掩盖，能够彻底无死角地进行观察。

2. 在检查宝石前，要确保宝石是干净的。在珠宝店购买宝石，可以要求服务人员将它清洗后再给你。如果没有条件进行专业清洗，可以对宝石哈气，再用干净的手帕擦拭，这样做至少可以去除宝石表面的油脂。

3. 观察裸石时，应只接触宝石的腰部（冠部和亭部相交的边缘）。如果握住台面（顶部）或亭部会留下油迹，这将影响对宝石颜色和火彩的观察。如果你喜欢使用镊子，并熟悉使用方法，在得到宝石所有者许可后，建议你用镊子代替手指固定并观察宝石。但是用镊子夹住宝石观察很容易使宝石崩出、损坏或丢失，你可能会因此被追究责任，所以要特别注意。

4. 请在适当的光线下观察宝石。许多珠宝商喜欢使用内嵌在天花板上的白炽灯，有些则喜欢使用特殊光源，它们可以使任何宝石，甚至是玻璃仿制品，都看起来很棒。日光灯更适合专业人士使用，可能对一些宝石的外观产生不利影响。许多红色的宝石，在白炽灯下看起来更好；而蓝色的宝石，往往在日光或日光灯下看起来更好。所以建议观察不同的宝石应使用不同类型的灯光。光源应从你的上方或背后照射下来，这样，透过宝石的光线才能反射回你的眼睛，以便更好地观察宝石。

5. 旋转宝石，以便可以从不同的角度进行观察。

6. 如果你使用的是放大镜，要先聚焦于宝石内部，然后缓慢调整宝石位置，直到你能看清宝石内部的任何一点。这是非常重要的，如果你只专注于宝石的表面，你就会忽略宝石的内部结构及其包裹体特征了。

放大镜的使用方法

对初学者而言，手持宝石放大镜是非常有用的。借助宝石放大镜，你可以更清晰地观察划痕或包裹体。但是，即使你有一个宝石放大镜，你也不可能做到像经验丰富的珠宝商或宝石专家那样，能够观察到宝石的每个细微的特征。这是长期实践经验的总结，没有任何一本书能教会你这种技能。

一般常用的宝石放大镜是10倍的三合放大镜，在任何光学商店都有出售。三合放大镜比双凸透镜和双组合镜都更实用，解决了后两种类型放大镜都存在的问题，不仅视域较宽，而且消除了图像畸变和彩色边缘现象，因此是最为常用的手持宝石放大镜。此外，在选择放大镜时，镜面周围不要有镀铬或镀金，因为那可能会对你观察宝石颜色造成影响。

宝石放大镜最常用的放大倍数是10倍，美国联邦贸易委员会要求宝石分级需要在10倍放大镜下进行，在10倍放大镜下观察不到的任何瑕疵就被认为是不存在的。

用几分钟的时间练习，你就可以学会使用放大镜。具体方法如下：

1. 用右手或左手的拇指或食指握住放大镜。

2. 用另一只手捏住宝石。

3. 把两只手合在一起，用手腕的下部进行支撑（手腕充当支撑点）。

4. 移动双手至鼻子或脸颊，放大镜距离眼睛越近越好。如果你戴着眼镜，也不必摘掉。

5. 保持双手稳定。双手稳定是非常重要的。将胳膊肘固定在桌子上，双手抵住脸颊，你就可以保持双手稳定（如果没有桌子可用，抱住胳膊抵住胸部或肋骨）。

练习使用放大镜，让它距离眼睛和被测物体都是2.5厘米左右。初学时，10倍放大镜聚焦困难，但稍加练习就能掌握。

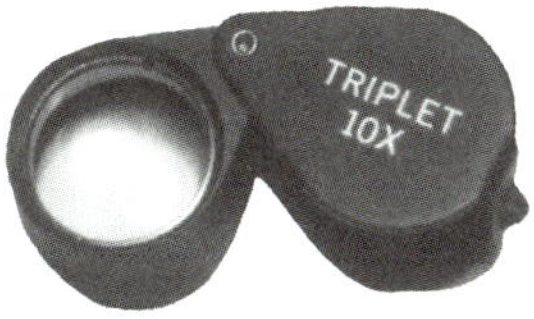

10 倍放大镜

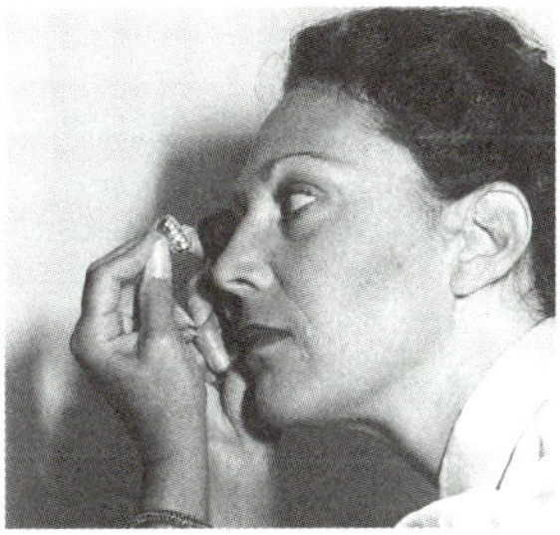
如何用手持放大镜观察宝石

你可以拿平时难以观察的物体练习，如皮肤毛孔、头发、针头，或者首饰等。

当你正在观察宝石时，请缓慢旋转并来回倾斜，以便从不同的角度和方向观察宝石。如果你技术还不熟练，有经验的珠宝商会很乐意帮助你学习正确的宝石放大镜使用方法和技巧。

宝石放大镜能告诉你什么

对业余爱好者来说，一个宝石放大镜可以向你透露很多有用的信息。对专业人员而言，放大镜可以帮助你确定一块宝石是天然的、合成的、玻璃或是拼合石（在后面章节会详细讨论），以及宝石瑕疵或裂隙等特征。总之，宝石放大镜能够提供许多必要的信息。

对初学者而言，用宝石放大镜观察下列特征是非常有用的：

- **观察宝石切工** 例如，宝石对称吗？切面数量是否正确？

切工比例是否完美？观察切工对初步判断宝石有着重要意义，因为工匠们往往会在切割宝石时投入更多的注意力和时间，而在切割玻璃时不会那么细心。所以，在看到一个“宝石”的切工很粗糙时，心里要打一个问号。

· 裂隙或划痕 一些宝石硬度软且脆性大，容易出现裂隙或划痕。在10倍放大镜下，宝石的裂隙或划痕很容易被发现。另外，一定要仔细检查宝石的棱线，因为有时粗心的镶嵌工匠会无意中划伤宝石。比如在观察碧玺时，宝石放大镜可以帮助你确定碧玺的裂隙是否严重，裂隙是否接近宝石表面。

· 棱线的清晰程度 硬度较大的宝石棱线清晰锐利。而许多仿宝石由于硬度较低，在10倍放大镜下，会看到棱线不够锐利，甚至具有圆润的外观特征。

· 气泡、包裹体和瑕疵 许多肉眼难以发现的包裹体在10倍放大镜下可以被发现，但除非你经验丰富，否则也不太容易找到。彩色宝石的包裹体不像钻石那样严重，通常不会降低彩色宝石的价值。但是，彩色宝石的包裹体种类是很重要的信息，是证明宝石是天然还是合成的关键所在；同时，也是判断彩色宝石产地的必要依据，而这可能影响彩色宝石的价值。此外，业余爱好者也可以学习观察玻璃特有的气泡和旋涡纹特征，以快速判断一件“宝石”是不是玻璃。

通过宝石放大镜观察宝石切工、裂隙、划痕、气泡和包裹体特征，可以帮助你判断宝石是天然的、合成的、拼合的，还是玻璃仿制品。放大镜还可以提供有关宝石真伪和硬度的关键线索，但发现这些线索还需要大量的实践经验。

请记住，当你使用宝石放大镜时，有经验的专业人士能够看到的，你不一定都能观察得到。但只要多加练习，宝石放大镜就将是非常有用的工具，可以让你避免付出“昂贵”的代价。

第3章　从切工入手观察宝石

观察宝石是很重要的，尽管你不能看到宝石学家所看到的全部东西。首先你应该了解如何描述你想要的是什么，特别是宝石切工方面的专业术语和内容。

熟练掌握在刻面宝石中经常使用的一些术语是很重要的。宝石刻面是按一定比例切割的，这会影响宝石的外观（在后面章节中会详细讨论）。

· **腰部**　腰部是刻面宝石的外围边缘，是宝石顶部和底部的交汇处（分割线）。在刻面宝石镶嵌中，腰部也通常是爪镶的位置。

· **冠部**　冠部是刻面宝石的上半部分，即腰部以上的部分。

· **亭部**　亭部是刻面宝石的下半部分，即腰部以下到宝石底尖的部分。

·底尖（或底小面） 底尖（或底小面）是刻面宝石最下端的面或点，它在一些切工中可能由于损坏而缺失。如果是非圆钻型切工的彩色宝石，底尖（或底小面）可能不存在。

·台面 台面是刻面宝石上部的最大平面，经常用宽度占宝石总宽度的百分比来表示。

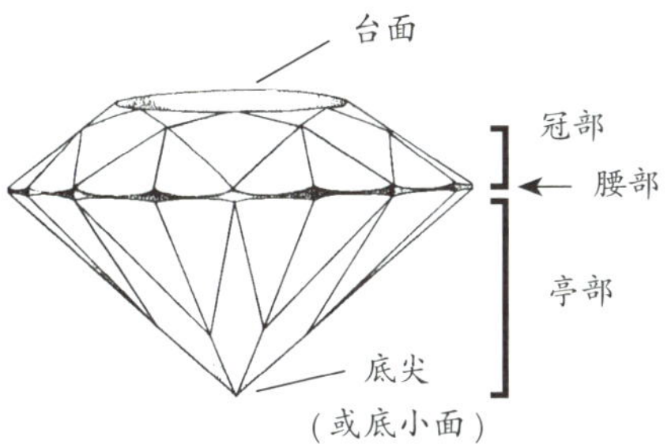

刻面宝石各部分名称

宝石切工

宝石切工是最重要且最不好评估的因素。当我们讨论宝石切工时，并不关注宝石的外形，而是关注精度。刻面宝石的琢型很多，每种切工都会影响宝石的整体外观。但如果切工得当、精细，宝石的火彩和价值会得到充分展现。对于普通消费者来说，宝石琢型的选择仅仅是个人喜好问题。一些常见的宝石琢型如下图所示（一些新琢型将在第二部分第 4 章中介绍）。

经典琢型

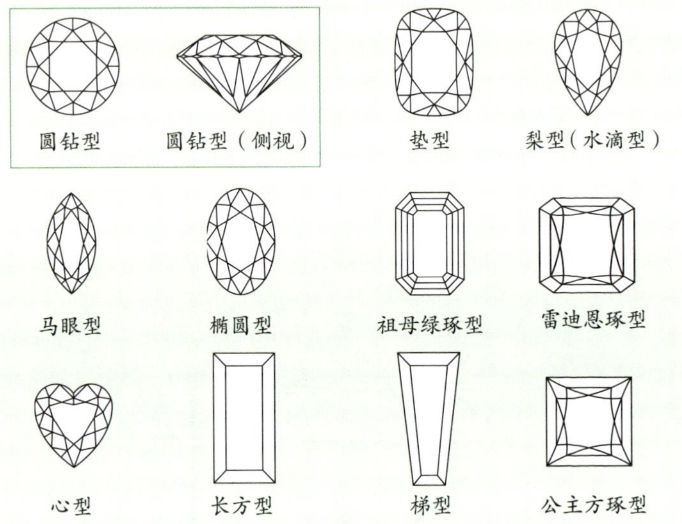

如何判别宝石切工的优劣

切工的精度极大地影响了宝石的美观与价值，在刻面宝石上体现得更为明显，一系列微小平面被切割和抛光（非刻面宝石被称为弧面型宝石，将在第二部分讨论）。通过以下准则和技巧，你可以更好地确定宝石切工的质量优劣。

首先要记住的是，对任何一块宝石，如果本身没什么问题，那切工的作用就是使它从一块没有生命的、死气沉沉的石头，变为一颗美丽、光彩夺目的宝石。对彩色宝石而言，完美切工虽然没有钻石体现得那么重要，但也非常关键，它可以影响彩色宝石的颜色和火彩。

台面是观察宝石的关键区域。让宝石台面朝上，从台面观察，宝石颜色失真了吗？台面是否居中对称？这些都是非常重要的。

宝石切工的比例，无论太薄或太厚，都会对宝石整体美观有显著影响。对彩色宝石而言，不同宝石的光学性质差别很大，宝石切工变化也很大。当你考虑购买彩色宝石时，应当记住以下几点：

· 当你透过台面观察宝石时，如果颜色活泼、明朗，则无论切工比例是厚还是薄，通常是可以接受的比例。

· 如果宝石过厚，特别是底部（亭部）过深，则宝石颜色（色调）会显得更深。

· 如果宝石过薄，则颜色（色调）会变浅。这对于浅色宝石来说是非常重要的。

为了适当加深浅色宝石的颜色，通常在切磨时会增加其厚度。

选购前

当你去珠宝店选购宝石时，一定要多看多比较。有了切身体会后，你对接下来我将讨论的内容的理解也会更加深入。有经验的珠宝商也会乐意花时间帮助你理解宝石在质量和成本上的差异。

同时请记住，你不是珠宝专家，如果有购买宝石的意愿，尽可能从专业的、信誉好的珠宝商那里购买宝石，这一点非常重要。信誉好的珠宝零售商提供的信息更准确，这会让你的宝石购买体验更加愉悦。与此同时，珠宝专家会通过专业知识和技能帮助你做出明智的选择。本书也将提供有价值的内容，也许能使你避免付出昂贵的代价。

第二部分

识别宝石

第 4 章　彩色宝石价值的决定因素

一提到“宝石”，瞬间让人联想起眼花缭乱的颜色和闪烁夺目的光彩，装满珠宝的宝箱，皇冠上的宝石，或珍贵的博物馆收藏。但事实上，大多数石头不能称为“宝石”，即使是罕见的“珍贵宝石”——红宝石、蓝宝石和祖母绿，也不能都称为“宝石”。那么，什么才是宝石？

关于宝石，没有一个明确的、普遍被接受的定义，但大多数人认为，宝石属于矿物（或在某些情况下的一种有机材料），具有美丽、耐久和稀有的特征。另外，我想再补充一个因素：必须有知名度，即具有神秘感和魅力，能把人们带入梦想的世界，让人们都渴望拥有它。

虽然有些主观，但这是事实。前三个标准是判断是不是宝石的核心因素。首先就是美丽。如果它不够漂亮，人们就不会想拥有，但只靠美丽是不够的。一颗宝石还必须具备足够的耐久性，才能经得起时间的考验，以承受日常佩戴带来的正常磨损，这就是宝石可以作为传家宝的原因。持久耐用是宝石代代相传，展示美丽的关键。最后，我们要考虑的因素就是稀有性，它也是宝石评估中的重要因素。一般来说，越稀有的宝石就越珍贵，价值也越高；反之亦然。

在这里，我想举个例子。几年前，我碰到了一些“宝石”——祖母绿、红宝石和蓝宝石，已委托给拍卖行售给出价最高的人。每颗宝石都附有专业鉴定机构出具的证书，被包裹着放在一个小文件夹里，基本可以确定为天然宝石。我看了之后，难以置信，因为每颗宝石都售价 50~300 美元不等，但我认为没有一颗是价值 5 美元以上的（含包装费用）！

我简直不敢相信有人会对这些石头感兴趣，因为它们没有任何吸引力。但是竞标人已经先入为主，假定它们是价值不菲的“珍贵宝石”。有一个买家向我解释说，买这些“宝石”的目的是想转手再卖几千美元。很快，他和其他人一样发现了错误：这些根本不能称为“宝石”，而是一些不值钱的石头。我建议，他们倒不如用这些石头作为门前道路的铺路石。

让我们来看看为什么这些祖母绿、红宝石、蓝宝石不是“宝石”，因为它们不能满足上述的三个标准：首先，它们不美丽，没有可爱的颜色和火彩。其次，在耐用性方面，这些石头有很多裂隙，如果制作成首饰，很可能会破损。最后，在稀有性方面，这种低质量的祖母绿、红宝石、蓝宝石也并不少见，甚至遍布全球，在矿山上可以成吨装车，没有任何价值。

美丽、耐久、稀有直接关系到宝石的品质。宝石的品质越好，宝石就越美丽、越耐久。而且，品质越提升，宝石就越稀有，价值就会更高。稀有性直接对应价值，特别是一眼就能辨别出的稀有宝石。但在今天，新发现的宝石还涉及第四个因素：知名度。

让我们来看看进入市场的最新宝石之一：沙弗莱石。沙弗莱石是石榴石家族中的一员，非常罕见。完美的沙弗莱石有着祖母绿般的浓艳绿色，是最美丽的宝石之一。沙弗莱石发现于肯尼亚的沙弗国家公园（Tsavo National Park），20 世纪 70 年代开始进入珠宝市场。让我们将它和另一种绿色宝石——祖母绿进行对比。在美丽方面，沙弗莱石更加鲜艳夺目（有些人甚至认为它比祖母绿更美丽）。它也非常耐久，此外，完美的 2 克拉以上的沙弗莱石比祖母绿更为罕见。但在价值方面，它只是祖母绿的 1/10！如上文所说，如果美丽、耐久、稀有是衡量宝石的三大要素的话，为什么沙弗莱石却不及祖母绿价值高呢？答案就是第四个因素：缺乏知名度。换句话说，至少目前，人们对沙弗莱石知之甚少，拥有它的愿望并没有那么强烈。宝石的知名度将影响其需求，而结合了稀有性的需求将决定其价值。

沙弗莱石的历史很短。其他新品种，如红色绿柱石和橘色石榴石，甚至更短，以至于很多人都没听说过或很少见过它们。目前，这些宝石的供应能够满足市场需求。但是，进入 21 世纪后，随着人们对这些宝石美丽、耐久、稀有的特征的认识逐渐加深，也越来越欣赏时，对它们的需求不断上升。当人们了解到宝石的选择越来越宽泛时，供应和需求就会失衡，宝石的等级划分就会被打乱。但无论如何，选择美丽、有价值的宝石，关键在于理解和欣赏品质的差异。

彩色宝石的 4C 评价

大多数人都知道钻石评价的 4C 原则，但彩色宝石也有它自己的 4C 评价：颜色、颜色、颜色和颜色！这种说法听起来可能有点夸张，但是事实。

一般来说，在宝石评价上，颜色越完美，其切工、净度和克拉重的影响越小；反之，颜色越常见，则其他因素对宝石价值的影响就越大。

当我们讨论颜色时，我们不只简单地谈论色调。色彩科学与评价是一个非常复杂的领域。但是，如果你领悟到颜色评价的各种必要因素，你就会对彩色宝石有一个全新的认识。

颜色受许多变量影响，难以对其精确评估。影响颜色最重要的因素是光线，光的类型和强度都会显著影响颜色。此外，关于颜色是否让人愉悦、适宜的评价，主观性非常强。尽管如此，颜色科学领域已经有了广泛的研究，专家们正在制定一个可行的颜色分级系统。其中，已经开发了几个系统，许多宝石价格指南使用至少一个系统去描述宝石颜色，这些包括美国宝石学院的色彩大师（Color Master）、美国宝石实验室色彩扫描（ColorScan）、宝石镶嵌或宝石对话（GIA 使用的一种彩色宝石颜色分级参照体系）。有一种色彩对话系统，名叫宝石向导

（Gem^{e}wizard ™）。这种系统采用复杂的计算机系统，将数字图像与要描述的宝石颜色进行匹配。除了颜色，该系统的定价矩阵还综合考虑净度、大小和切工。相比其他系统不能对许多宝石进行评价，该系统能够对宝石色彩做准确的匹配和描述，因此，该系统很可能会获得国际认可。

但是，在获得国际认可前，无论使用哪个系统，就影响色彩的广泛因素而言，都无法取代亲眼观察你要购买的宝石。除非有一致认可的宝石色彩分级系统，主观性仍将占主导地位。目前，在彩色宝石的颜色评价中，任何系统都无法代替人眼、人脑和丰富经验。

描述颜色的关键因素

我们看到的宝石颜色是光谱色（从纯红色到纯紫色）与不同程度的棕色、白色、黑色和灰色的组合。这些后面的颜色与光谱色的不同组合，影响了我们所看到的宝石色调，让宝石颜色区分变得特别困难。例如，白色和红色叠加，将会使颜色变浅。如果是黑色，则会使颜色更深。根据灰色、白色、黑色和棕色的程度，组合出来的颜色几乎是无穷多的。

一般来说，越接近光谱色，色调越正，越罕见，也越有价值。例如，一颗绿色宝石，越接近光谱色，没有任何偏蓝或偏黄的底色，颜色就越完美。但是，天然产出的宝石没有这么纯粹的颜色，总是两种颜色的过渡色。这些底色是双刃剑，一方面影响了彩色宝石颜色的纯度，另一方面，却可以创造出独一无二的美丽颜色。

在描述颜色时，我们经常会参考以下因素：

- 色调——精确的光谱颜色（红、橙、黄、绿、青、蓝、紫）。
- 强度（或饱和度）——颜色亮度或鲜明度。
- 明度——黑、白、灰、棕的多少（宝石的明暗程度）。
- 颜色分布——宝石颜色分布均匀（或不均匀）。

宝石颜色的饱和度和色调受切工比例影响很大。换句话说，一个好的宝石工匠能够放大宝石固有的、潜在的美。而一个技术较差的工匠，即使用同样的材料，也不会让宝石赏心悦目，要么不够鲜艳，要么颜色过深或过浅。

一般情况下，宝石颜色太深或太浅，克拉价都会降低。目前有一个普遍的观点，即颜色越深的宝石越好。这并不全面，饱和度高的深颜色是可取的，但深到近乎黑色就不可取了。普通消费者要货比三家，用肉眼来区分什么颜色是合适的，什么颜色太深。

一般来说，购买彩色宝石时要货比三家，这一点比购买钻石时更重要。你必须仔细分辨宝石的色调、强度、明度和分布等所有变量。只有通过广泛的视觉比较，你才可以锻炼眼睛感知差异的能力，并做出可靠的判断。

例如，我们来看看红宝石微妙的变化。最好的红宝石产自缅甸，虽然不是非常纯正的“正红色”（可能有轻微的蓝色底色），明度可能有些明暗变化，但是红宝石中最接近纯正红色的颜色。同多数宝石一样，过浅或过暗的颜色，克拉价都会降低。缅甸红宝石是最昂贵的，主要因其颜色很稀有。缅甸红宝石在所有光线下都呈现出美丽的红色，而其他大多数产地的红宝石只在白炽灯光（例如烛光、灯光等大多数晚上的光）下才呈现出可爱的红色，而在日光灯或白天的光线下则呈现粉红色或紫红色。

泰国红宝石在色调和明度上差异巨大，从不同程度的蓝色底色的浅红色到深红色不等，这使它们看起来更像一些便宜的紫红色宝石（如石榴石等）。因颜色差异，大多数泰国红宝石比缅甸红宝石要便宜得多，而一些泰国红宝石也有媲美缅甸红宝石的完美颜色。

坦桑尼亚红宝石的颜色通常带有棕色或橙色的底色，这使其比缅甸红宝石便宜得多，但由于细微的色彩深浅变化，坦桑尼亚红宝石往往比颜色一般的泰国红宝石更有价值。目前，在肯尼亚、柬埔寨、越南、巴基斯坦和中国的一些地区新发现的红宝石，其色调和明度也与缅甸红宝石很接近，在所有光线下都能保持原有的颜色。这些红宝石在其他方面都比较完美的前提下，也可以售出很高的价格。

斯里兰卡红宝石情形类似，其颜色更浅淡，在美国被称为“粉红色蓝宝石”，而不是红宝石。因颜色太浅淡，饱和度不够，在专业层次上无法定名为“红宝石”（“红宝石”应该是红色的，而不是粉红色的）。在美国，红宝石的颜色要足够深，才能够被称为红宝石，而在世界其他地区，颜色从粉红色到红色的范围内都可以被称作红宝石（需注意的是，蓝宝石和红宝石的成分、物理化学性质相同，两者都属于刚玉家族，其中红色的被称为红宝石，其他的颜色都被称为蓝宝石）。

接下来，让我们来看看祖母绿的颜色。顶级祖母绿产自哥伦比亚，呈现的是新鲜的、绿草般的颜色，几乎是纯光谱的绿色，并带有黄色或蓝色色调。哥伦比亚祖母绿的致色元素是铬，铬致色祖母绿的颜色比其他致色祖母绿的颜色更生动。其他产地的祖母绿也可以有很棒的颜色，但很少能与哥伦比亚祖母绿媲美。然而，顶级哥伦比亚祖母绿非常稀有，因此也十分昂贵。

赞比亚祖母绿也可以呈现出可爱的绿色色调，但通常带有较浓的蓝色底色，这是因为赞比亚祖母绿的致色元素是钒而不是铬，其中暗色色调可能是铁元素导致的。这种颜色差异可能使赞比亚祖母绿不如哥伦比亚祖母绿价值高。而赞比亚祖母绿比哥伦比亚祖母绿的包裹体小，工匠更能雕刻出一颗生动的宝石。因此，如果色彩适宜，赞比亚祖母绿可能比哥伦比亚祖母绿更漂亮，尽管克拉价更低。

光线和环境对彩色宝石颜色的影响

宝石的颜色受光线种类和检测环境的影响很大，墙体的颜色，甚至是穿着的衬衫颜色，都可以改变宝石外观。如果在荧光灯下检测，红宝石可能不会显示出最充分的红色，因为大多数荧光灯是弱红色的，这会减弱红宝石的颜色，并呈现出更多的紫红色调。而相同的宝石在阳光或白炽灯（普通电灯泡）下观察，红色则会增强。因为红宝石的颜色取决于色温或光线类型，暖光会使红宝石看起来更完美。如果将红宝石放在橙黄色的纸上观察，则会看起来更红。正因为如此，颜色较差的红宝石通常会选择橙黄色的包裹纸衬托，这样会使红宝石看上去颜色更美。

蓝色的蓝宝石，呈现深浅不一的蓝色色调。有的非常深，以至于接近黑色。大多数蓝宝石在荧光灯或日光下呈现蓝色，很多带有一定程度的绿色调。绿色调越浓，价格就越低。在白炽灯下，有的甚至表现出颜色的变化，从蓝色变为紫晶那样的紫色。比如，产自坦桑尼亚的蓝宝石，轻轻转动，会呈现薰衣草般的颜色，而斯里兰卡蓝宝石颜色更浅。顶级蓝宝石产自缅甸和克什米尔，其颜色浓郁鲜艳，在各种光线下均呈现纯粹的蓝色。克什米尔蓝宝石则显得更柔和，并具有更高的价值。

有时，镶嵌方法也会影响宝石的颜色和外观。例如，四爪镶祖母绿的颜色看上去会比包镶祖母绿的颜色浅。因为包镶加深了宝石的颜色。包镶这种镶嵌方法及其他类型的一些特殊镶嵌方法，主要用于加深宝石颜色。

另一个例子是翡翠的镶嵌。翡翠戒面（光滑弧面型）通常围绕素面腰部镶嵌，除底部的中心开一个小口外，底部几乎完全封闭。这样可以提高体色，同时也可以隐藏缺陷。

同样，欧泊也通常采取这种镶嵌方式来加深颜色。在这种情况下，环境是封闭的，平面衬底上的颜色很黑。通过黑色背景的对比度，在欧泊上所看到的颜色（火彩）就加深了。

宝石色带

宝石色带

色带并不能真正说明颜色，它被认为属于净度等级的一部分，但我认为应该放在颜色部分讨论。

有的宝石颜色并不总是均匀分布，而是以带状分布的，这就是宝石的色带。而一些宝石，有颜色的条带和无色的区域相互交替，有点类似于条纹。色带常见于紫晶、红宝石、蓝宝石中。当你缓慢移动宝石侧面，同时倾斜和旋转宝石时，就很容易观察到色带。

有时，原石是无色或接近无色的，但存在色块或颜色分层。如果切磨宝石时，底尖正好位于这个色块上，那整个宝石都会透出颜色。如果切磨时，使颜色分层位于与台面平行的位置，整个宝石都会透出颜色。颜色的均匀度和饱和度对决定彩色宝石的价值是非常重要的。即使当你从顶部观察宝石时，你可能不会注意到色带，但有色带的宝石颜色较无色带的宝石看起来缺乏色彩的活力。通常来说，如果色带从顶部看不明显，那宝石价值也不会明显下降，但一颗镶嵌的宝石从顶部看，也就是正面观察，如果色彩生动、均匀，则价格不菲。如果再考虑到色调、底色，则价格还会抬升。

具有变色效应的宝石

有的宝石在不同类型的光线中呈现出一种非常奇怪的现象：完全改变了颜色。具有这种变色效应的宝石主要有：变色尖晶石、变色蓝宝石、变色石榴石，甚至是变色碧玺。然而，在这些宝石家族中，具有变色效应的很罕见。另外，有些宝石价值体现在颜色的变化上，比如变石，在日光或日光灯下呈现蓝绿色，在白炽灯下呈现深红或紫红色，其价值在很大程度上取决于这种颜色变化的强弱。目前，甚至有具有变色效应的合成宝石，比如廉价的合成变色蓝宝石，经常冒充天然变石出售。一种新进入市场的具有变色效应的宝石叫硬水铝石，被当作水铝石出售。

什么是荧光？

如果你去过宝石和矿物博物馆，比如美国纽约的美国自然历史博物馆（American Museum of Natural History）、华盛顿特区的史密森尼学会，或是休斯敦自然科学博物馆（Houston Museum of Natural Science），你会记得看到的不同色调的平凡石头：白色的、灰色的、黑色的。突然间，好像变戏法似的，就变成了幻觉似的强烈的红、橙、黄、绿、蓝、紫，而这不过缘于电源开关的一开之间。

你在博物馆看到的颜色变化就是荧光的结果。荧光是自然界观察到的最有意思的现象之一。要理解荧光，你只需知道在我们周围有可见光和不可见光。光以波的形式传播，波长决定了光是否可见，以及我们实际看到的颜色。有些光波太短，不被肉眼可见；有些光波又太长。我们能看见的颜色——从红色到紫色，介于两者之间。红色之外是红外线，而紫色之外是紫外线，这两者肉眼不可见。然而紫外线能对石头和宝石产生有趣的效应。

我们称受紫外光影响的石头为荧光石，而你在博物馆看到的现象就是光线由正常转换到“黑色光线”的结果，这种光线能产生紫外辐射。这种光产生的射线太短而不被我们看见，但当它们照射在石头上时，这些不可见的短波就转变成了我们可见的长波。发生这种情况时，以前不可见的颜色就会显现。但是荧光色只能暴露于紫外辐射下才可见，因此才有了这种光线下不可思议的色彩。一旦你关闭黑色光线，这些石头又恢复原样，你会再次看到正常颜色。有的情况下，有些石头会继续短暂发光，我们称之为磷光（一些手表就有磷光指针，当你从亮处进入黑暗处时，指针会短暂发光）。

当宝石的颜色只有在紫外线灯下可见时，我们就说它具有荧光。像荧光矿物一样，某些彩色宝石也发荧光。无论一块石头是否发荧光，只要颜色出现荧光变化，使用一种发紫外光的灯就能决定荧光的强度（很弱、弱、中等、强、非常强）。理想的紫外灯能发出两种波长的紫外光——长波和短波。博物馆用来显示石头荧光色彩所使用的“黑光”就是一种长波紫外灯光。紫外灯是宝石检测实验室、宝石交易商和宝石行家的标准配置，因为宝石在这两种波长下的荧光属性是决定宝石真伪的重要指标，并且也可以显示宝石是否经过处理。

一些宝石只有在长波紫外线照射下才会发荧光，一些则是在短波紫外线下有荧光，还有一些在长波和短波下都有，但表现为一强一弱。无论宝石是否发荧光，荧光是什么颜色，还是它在哪种波长下发荧光（长波或短波），这些都是要注意的，并需要在彩色宝石检测报告中指明。

荧光可以影响在不同的环境灯光下的宝石颜色

如前文所述，荧光是宝石鉴别的重要因素，也可以显示某些类型的宝石处理方法。但更重要的是，它可以影响我们在白天所看到的宝石颜色——这时存在紫外线——在所有类型光线下宝石颜色的真实性（即在所有类型的光线下都呈相同颜色）。

缅甸红宝石就是一个典型的例子，其让人魂牵梦萦的重要特征之一就是它的荧光。缅甸红宝石在长短波紫外光下都呈强红色，且在日光下也呈红色。而大多数泰国红宝石荧光反应微弱。泰国红宝石和缅甸红宝石在白炽灯下都呈现美丽的红色（白炽灯属于暖光，任何红色的宝石都会显得更好看，原因是这种光中有极强的红色成分），但泰国红宝石在日光下看起来就没那么红了，因为它没有很强的紫外红色荧光反应。相反，由于暴露于日光中的蓝色或紫色辐射，泰国红宝石这时呈现出紫色调。而缅甸红宝石的颜色不受日光中蓝色或紫色射线的影响，因为户外日光中的紫外辐射激活了它的强红色荧光反应。

缅甸宝石和一些其他地方的宝石，在室内外都表现出完美的红色，相较于其他不具有强红色荧光反应的红宝石，它们十分抢手且价格不菲。如果你主要在夜晚佩戴红宝石，或者是在有白炽灯光线的室内，泰国红宝石或其他缺乏颜色一致性的红宝石，都是你可以负担得起的、为你增添魅力的选择。

净度

对钻石而言，净度指不存在内部缺陷(包裹体)或外部瑕疵。无瑕的彩色宝石可能比钻石更为罕见。虽然宝石净度越高越好，但是无瑕的彩色宝石通常不会出现溢价现象（价格在宝石品质上升的情况下呈阶梯形增长的现象），而钻石往往会因净度高而发生溢价。浅色的彩色宝石会显现瑕疵，因此需要更高的净度。色调较暗的彩色宝石，内部瑕疵可能因相对较深的体色而显得不那么重要了。

瑕疵的种类和位置在彩色宝石中更为重要。例如，一个非常接近表面的裂隙，特别是在顶部，可能是很危险的，可能会削弱宝石的耐久性，也可能打破光的连续性而显现出晕彩效应（晕彩效应通常意味着裂隙穿透了宝石表面）。这样的裂隙会影响宝石的美观，当然也会降低其价值。如果裂隙很小，且位于宝石不显眼的位置，对美观、耐久性和价值的影响就减小。

一些瑕疵还能帮助宝石学家鉴定宝石，这些类型的瑕疵对宝石产地具有指示意义。比如，一个特殊的包裹体可能提供产地信息，从而导致克拉价增加。如果你想了解有关彩色宝石包裹体的更多信息，我推荐《宝石鉴定》一书。不过，应该注意的是，一颗完美的彩色宝石，克拉价会非常高，因为它实属罕见。也正因为如此，我们对完美无瑕的红宝石、蓝宝石、祖母绿等更应该带着怀疑的眼光去审视。合成宝石通常是完美无瑕的，很容易与天然宝石混淆。

如果瑕疵削弱了宝石的耐久性，影响了其颜色，且位置非常显眼，或者数量非常多，就会显著降低彩色宝石的价格。否则，不会有过多的影响。另外，如果能够证明宝石产地，这些瑕疵还可能增加宝石的价值。缅甸红宝石和哥伦比亚祖母绿就是很好的例子。

购买宝石一定要货比三家，熟悉想要购买的宝石，锻炼你的眼睛来辨别什么是“正常”的，只有做到这些，你才可以决定什么是可以接受的或不能接受的。

彩色宝石净度分级

彩色宝石净度分级，反映的是宝石形成的地质条件的不同和对宝石外观的影响，特别是影响通过肉眼和放大镜对宝石内部的观察。

GIA 将彩色宝石净度分为三级：I 级、II 级和 III 级。

I 级：包裹体不明显，肉眼不可见（即不借助工具只用裸眼观察，什么也看不到）。

II 级：包裹体较明显。

III 级：包裹体明显，肉眼可见。

海蓝宝石被划为 I 级彩色宝石，主要是因为包裹体通常是肉眼不可见的。而祖母绿被划为 III 级彩色宝石，主要因包裹体大且易见，如果很干净就要引起高度怀疑。

彩色宝石属于哪个净度级别非常重要。准确区分可以清楚描述包裹体对宝石价值的影响，也有助于对宝石净度有一个更好的判断。

让我们进一步比较海蓝宝石和祖母绿的净度级别。

使用 GIA 的彩色宝石净度分级术语，海蓝宝石（I 级）可以描述如下：

· 无瑕——包裹体肉眼不可见。

· 微瑕——包裹体很小，肉眼难以看见。

· 中度瑕疵——包裹体肉眼可见。

· 重度瑕疵——包裹体明显，且影响宝石外观和耐久性。

· 严重瑕疵——包裹体非常明显，且严重影响宝石外观和耐久性。

使用 GIA 的彩色宝石净度分级术语，祖母绿（III 级）可以描述如下：

· 无瑕——包裹体肉眼不可见（非常罕见）。

· 微瑕——包裹体肉眼可见。

· 中度瑕疵——肉眼可见明显的包裹体。

· 重度瑕疵——包裹体明显，且影响宝石外观和耐久性。

· 严重瑕疵——包裹体非常明显，且严重影响宝石外观和耐久性。

要理解细微的差别，以及它们对价值的影响，花时间多看宝石来锻炼你的眼睛，知道什么是正常的，什么是特殊的，对你来说非常重要。GIA 彩色宝石净度分级如下：

美国宝石学院（GIA）彩色宝石净度分级

<table>
<tr><th colspan="2">宝石名称</th><th>I 级</th><th>II 级</th><th>III 级</th></tr>
<tr><td colspan="2">红柱石</td><td></td><td>×</td><td></td></tr>
<tr><td colspan="2">磷灰石</td><td>×</td><td></td><td></td></tr>
<tr><td rowspan="5">绿柱石</td><td>海蓝宝石</td><td>×</td><td></td><td></td></tr>
<tr><td>祖母绿</td><td></td><td></td><td>×</td></tr>
<tr><td>深蓝色绿柱石</td><td></td><td>×</td><td></td></tr>
<tr><td>红色绿柱石</td><td></td><td></td><td>×</td></tr>
<tr><td>其他颜色
（粉色、黄色、绿色）</td><td>×</td><td></td><td></td></tr>
</table>

续表

宝石名称		I级	II级	III级
金绿宝石	变石		×	
	其他	×		
刚玉★			×	
透辉石			×	
长石（月光石 / 日光石）			×	
石榴石			×	
堇青石			×	
欧泊（火欧泊）			×	
贵橄榄石			×	
石英			×	
尖晶石			×	
托帕石	蓝色	×		
	其他颜色		×	
电气石	绿色	×		
	西瓜碧玺			×
	其他颜色		×	
锆石	无色 / 蓝色	×		
	其他颜色		×	
黝帘石（坦桑石）		×		

★ 大多数红宝石被归为 II 级，但缅甸和其他产地的具有特殊颜色的红宝石更接近于 III 级。

宝石光学效应术语

宝石的光学现象是指光在彩色宝石中的传播方式，与宝石包裹体的数量、种类、位置及宝石切工有关。

星光效应只产生于有大量定向排列的包裹体的弧面型宝石中。例如，一颗内含大量针状金红石包裹体的星光红宝石。如果这些金红石包裹体是定向沿晶轴排列，又是弧面宝石，当光进入宝石并发生反射，就能形成星光效应。由于红宝石为晶体形态，常出现 6 射星光。石榴石也常含有金红石包裹体，同样，如果是弧面型宝石，也可以形成星光效应。但石榴石为晶体形态时，常出现 4 射星光。

为了方便理解彩色宝石光学效应的种类，下面一些术语你需要知道：

· 透明——光能够轻易穿透宝石。

· 半透明——宝石可以透光，但会发生像磨砂玻璃般的光的扩散。如果透过宝石看字迹，字迹会变黑和模糊。

· 不透明——光不能穿透宝石。

特殊光学效应

· 月光效应（泛蓝光）——由于光的干涉作用，在某些宝石中可见到可漂浮移动的云状现象。如月光石，内部可产生可移动的光泽。

·星光效应——当宝石（如星光红宝石、石榴石、蓝宝石）素面切割时，宝石会出现6射或4射的星光。

·猫眼效应——一些素面宝石会呈现一条细的、明亮的眼线，并会随着宝石及光源的移动而移动。这种现象叫作猫眼效应。

·晕彩效应——是指入射白光透过宝石中与周围介质折射率不同的薄膜时产生的干涉现象。即使它看起来很漂亮，宝石价值也会降低。

·光泽——通常指宝石表面对光的反射程度。例如，钻石就比紫晶光泽强。珍珠也有光泽，但珍珠是珍珠光泽，看起来更柔和，也更东方。

·变彩效应——欧泊是典型的具有变彩效应的宝石，可呈现多重闪光或多种颜色的图案。

宝石的切工

彩色宝石的其中一种加工方式是弧面型。之前人们偏好这种加工方式，直到最近才流行刻面宝石，所以完美的材料通常采用刻面的加工方式。然而，在不同时代和不同国家，对加工方式的偏好并不总是一成不变的。例如在罗马时代，戴着刻面宝石会被认为是粗俗的。不同的文化和宗教也有不同的偏好。世界上最好的宝石都是用这两种方式切割的，所以切工风格说明不了什么问题。

弧面型　弧面型切工的表面是光滑的，可以是任何形状，有的是高穹顶的圆形，有的是方圆形（流行的“塔糖”型戒面），还有的是平顶，呈现出几乎平滑的顶部。

弧面型切工（“塔糖”型）

许多人喜欢更神秘的弧面型宝石。一些人认为，弧面宝石能产生更丰富的色彩。无论哪种情况，今天我们看到，人们对弧面宝石更感兴趣，市场上的弧面宝石也比以前的更美观。

刻面型　由许多形状和角度不同的小面组成的一种切割方式。角度和形状都是精心设计的，以显示宝石的内在美，包括火彩、颜色、光泽等。今天还有许多“新”的切工风格。

切工的重要性

如前文所说，彩色宝石的切工非常重要，主要有两个原因：一个是对颜色有影响；另一个是好的切工可以使宝石焕发生机。

颜色和切工是彩色宝石美观度的决定性标准。必须考虑克拉重，大颗宝石通常会大幅增加克拉价（一般按非线性比例增加）。一颗质量上乘的彩色宝石，好的切工将淋漓尽致地显现其自然之美，充分展示色彩的活力。同样一颗优质的彩色宝石，如果切工很差，美感就会降低，看起来就会暗淡无光，缺乏生命力。

因此，当你看到一颗生动活泼的彩色宝石（不暗淡也不苍白），就可以基本断定它的切工不错。如果宝石颜色较差，不够鲜活，你必须仔细观察切工。如果切工很好，你就可以确定它的质量一般。但是，如果切工很差，宝石质量可能很好，也许可以再次切割成美丽的宝石。在这种情况下，你可能要咨询经验丰富、知识渊博的宝石加工员，在考虑克拉重损失和成本的基础上，决定是否值得再次切割。如果你不熟悉宝石加工员，找一家有信誉的珠宝商、一位宝石评估师，或当地的宝石俱乐部，他们都可以提供建议。

彩色宝石的切工评价

当你检查宝石切工时，建议如下：

· 宝石颜色赏心悦目吗？宝石是不是熠熠生辉？ 如果这两个问题的答案是肯定的，宝石的质量可能不错，你必须根据个人喜好和购买预算做决定。

· 宝石颜色是不是太浅或太暗？ 如果是，切工又没问题，那可能是宝石原料本身的颜色太浅或太暗。这种情况下，除非你非常喜欢这颗宝石，或者价格很合算，否则就不要购买。换句话说，彩色宝石的颜色更重要。

· 宝石是不是存在漏光的区域？ 彩色宝石中经常存在火彩不均匀的现象。如果颜色完美，火彩不均匀也不会对吸引力和价值产生很大的影响。但是，宝石颜色越不好，火彩就越重要。

当切工比例不当时，宝石看起来不是过暗就是过浅。有时，切工可以掩盖宝石颜色过淡的事实。当评估宝石切工时，还有一些需要考虑的方面：

· **颜色过暗**　这与深色宝石原石的颜色偏暗和较差的切工有关，切工比例不是太厚就是太薄。这种宝石的价值可能比不那么暗的要低，如果价格够低，可以购买或投资，然后可以采用更好的比例再次切磨，提高色彩和价值。再切磨会减少宝石的克拉重，但宝石的克拉价会提高。在某些情况下，即使宝石克拉重有所减少，但克拉价会大幅增加，因此整个宝石的价格也会大幅增加。

本地琢型的宝石是一个常用术语，用来形容那些由技能不太熟练的本地矿工自己切磨的宝石。这些人切磨宝石时只有一个目的：尽可能保持宝石的重量（保重）。这些宝石通常颜色过深，甚至是黑色的，因此看起来厚重暗淡，缺乏活力。虽然这样的宝石不美，但经过再切磨，往往可以摇身一变，成为美丽、赏心悦目的宝石，克拉价也会随之上升。

· **颜色过浅**　可能由于宝石本身的颜色过淡，也可能是切工比例差、宝石切磨太浅造成的。切磨太浅的宝石缺乏活力，再切磨改善颜色也不太可行。

切磨太浅的宝石更易碎裂，根本不适合佩戴，仅仅是一件需要妥善保管的首饰，要避免日常佩戴的碰撞与磨损。

对切磨浅、颜色浅的宝石而言，如海蓝宝石、紫晶、托帕石等，污渍、油渍等都会显著影响宝石的色彩和亮度。这在日常佩戴的戒指上十分明显，因为常要洗涤餐具、涂抹化妆品、使用沐浴油等。所以，要使浅色宝石保持亮丽光鲜，应该经常洗涤（见第三部分第 14 章），尤其是切磨较浅的宝石。

需要记住，人们往往根据颜色出现的位置，采用特定的方式切磨宝石。如前面所述，天然宝石的颜色并不均匀，经常会有色带，而加工员以不会消除色带的方式切磨宝石，这往往会影响切工深度。

宝石切磨较深通常是为了最大程度保重，或是加深宝石颜色。但你还会遇到一种情况，可能会使你付出高昂的代价。如果切工员能够正确捕捉宝石色带，一颗几乎无色的宝石可以通体呈现颜色。例如，一颗蓝宝石，除了底尖处有一点颜色外，实际上是无色的。在我见过的这种宝石中，最好的是一颗 3 克拉的被切割得很深的圆形蓝宝石。它的克拉重很小，为此我仔细观察了它的侧面和后面，发现除了底尖处有一点颜色外几乎没有蓝色，由于光线的反射，颜色均匀地分布于整颗宝石，使整颗宝石看上去通体呈蓝色。镶嵌后，它看起来像一颗完美的蓝色蓝宝石，但拿下来仔细检查时却不然，似乎没有看上去那么好，价值远远低于售价。

将宝石放置于桌上，在白色或浅色背景下从侧面仔细观察宝石，同时微微倾斜和旋转宝石，观察宝石颜色的实际位置。即使镶嵌的宝石也可以用这种方法。

宝石切工加深通常是为了加深颜色，但有时也会因色调完美而切割变浅。有的宝石本身颜色就太深，如果切工过深，就会加深颜色，这种情况下就要将切工变浅。有些情况下，为了避免宝石难看的包裹体，会不得不采取切工变浅的方式。如果宝石本身的颜色不佳，较浅的切工会导致宝石看上去太过苍白。如果宝石本身的颜色不错，较浅的切工会使宝石颜色更好。这让我想起了一颗印度红宝石，宝石重 11 克拉，但看起来比一颗 18 克拉的红宝石还大。它的切工很浅，但是颜色非常好。值得注意的是，原石本身的颜色在切工这么浅的宝石中保留了下来，这是非常特殊的。

当人们评价彩色宝石的切工时，总是特别关注切工深度对宝石颜色、光泽、火彩的影响。但请记住，切工也因宝石而异。有时在一种情况下可以体现宝石美感的切工，在另一种情况下则被认为切割太浅了。就彩色宝石切工比例而言，最重要的是最终的结果——宝石的美丽能否体现。因此，最好的测试就是你的眼睛。

宝石加工的艺术

宝石切工是一个专业术语，指能把一块“粗糙”的晶体变成一颗闪闪发光的耀眼宝石。宝石加工艺术有上千年的历史。彩色宝石最著名的加工中心是德国的伊达尔－奥伯施泰因（Idar-Oberstein），几个世纪以来，这里一直是世界领先的宝石加工中心，在罗马时代就很著名。直到现在，还继续创造一些新颖的琢型，培养一批最好的宝石加工师，如贝恩德·蒙施泰纳（Bernd

Munsteiner，伊达尔著名宝石加工师），他创造了花式切工。

宝石切工是跨越世纪的艺术形式，但只在过去的几十年里才活跃于舞台中心。今天，科技的发展可以让宝石加工师尝试新的切工方法，使其在艺术上达到新的高度。但万变不离其宗的是光在宝石中的行进轨迹，以及各种切工琢型是如何影响光的轨迹的，这可能才是宝石切工的本质。因此，宝石切工艺术家正在创造前所未有的视觉“艺术”。

切工艺术家在决定如何切磨宝石前，经常要对加工宝石进行几周甚至几个月的研究揣摩，跟它们面对面地“对话”。他们的工作是独一无二的，他们对宝石的塑造不仅提高了宝石的观赏性和吸引力，也提高了价值。就像一幅画的价值超过了画布和颜料的成本，宝石也一样，一颗完美切磨的宝石的价值不仅靠大小、颜色和净度，还有宝石切工师带给它的美。经过精美切割的宝石价值要远远高于普通切割的宝石。

我们现在有条件欣赏宝石艺术家的作品，有令人惊叹的珠宝，华丽的雕塑，还有一些相结合的创作。近年来，一些最具影响力的当代宝石艺术家的作品已经在华盛顿史密森尼学会、匹兹堡卡内基自然历史博物馆（the Carnegie Museum of Natural History in Pittsburgh）和芝加哥菲尔德博物馆（the Field Museum in Chicago）展出。

但同时，宝石加工艺术家也面临未知的挑战。如果要达到理想的效果，他们必须不断地估计许多因素：宝石的颜色，光的折射和反射，包裹体的位置和原石的形状等。但更具挑战性的是，宝石艺术家不能忽视宝石的内在价值，一旦错误估计，代价很可能是非常昂贵的，宝石成本和帆布油彩的成本完全不可同日而语！

除了宝石损坏的风险，将美展示到极致往往意味着牺牲宝石的克拉重和大量的时间。许多宝石工匠只有一个目标：尽可能保重，同时少花费时间。但宝石切工艺术家的目标有很大不同，他们的目标是创造一件独一无二的、个性鲜明的、令人难忘的艺术品，将宝石之美完全展现出来。

创新的切工技术——改变彩色宝石世界

传统观念认为，宝石加工师的主要目标是最大程度地体现宝石的光彩，为此，他们必须考虑宝石的折射率。折射率是反映光线在宝石中行进轨迹的参数，是体现宝石火彩的关键。折射率越高，宝石火彩越强。反之亦然。每种宝石的折射率是唯一的，如红宝石，折射率较高，为 1.762~1.770；紫晶折射率相对较低，为 1.544~1.553。这意味着红宝石具有更强火彩的先天优势。换言之，如果它们以同样的方式、比例、角度切磨，红宝石会比紫晶更加光芒四射。一些创新的加工技法能让更多的光线从宝石内部反射回来，也能使较低折射率的宝石显得光芒四射。因此，切工师通过多方面的尝试与创新创造出了许多精美绚烂的宝石。

今天的宝石切工采用了全新风格，关注的焦点不再局限于光线从宝石中折射的多少，而是光线在宝石内部的轨迹。我们现在的切工技术已开发出独特的风格，可以在宝石内部雕刻出

狭窄的“通道”，以改变光线的路径。此外，也衍生出了更为复杂的刻面形式：弧形刻面。宝石切工师的目标是利用凹凸面的组合，将平坦刻面和切工技术相结合，依据宝石独一无二的折射率，去体现独特的美感。今天，宝石切工艺术家试图用宝石自身独特的光学性质，创造独特的色彩、光泽，很大程度上体现宝石的内在美。这些创新技术让宝石切工师创造出了很多以前只存在于人们脑海中的美丽宝石。

我们现在看到的令人难以置信的作品是出自非常有才华的宝石切工师之手，他们都在国际切工比赛中获过奖，如由美国宝石贸易协会（American Gem Trade Association，AGTA）主办的切工前沿奖，在德国的伊达尔－奥伯施泰因，由宝石联邦协会和钻石工业协会主办的德国奖。一些知名的获奖者包括苏珊·艾伦、斯蒂芬·埃弗里（Stephen Avery）、戴维·布拉克纳、迈克尔·克里斯蒂、巴特·柯伦、迈克尔·戴伯、约翰·戴尔、马克·哥龙伦德、理查德·霍默、马丁·基（Martin Key）、迪特尔·洛伦茨（Dieter Lorenz）、托马斯·麦克菲（Thomas McPhee）、尼克拉·梅德韦杰夫、贝恩德·蒙施泰纳、托马斯·特罗佐（Thomas Trozzo）、史蒂夫·沃尔特斯、拉里·温（Larry Winn）、菲尔·扬曼（Phil Youngman）等。在用创新的加工技法来体现宝石内在美中，每个人都扮演着非常重要的角色（这些艺术家的优秀作品见彩页部分）。

克拉重

与钻石一样，彩色宝石的重量单位是克拉。所有珠宝中，除了珍珠和珊瑚外，重量单位都是克拉。珍珠和珊瑚是按粒、姆米和毫米计量的，一粒是 0.25 克拉，1 姆米是 18.75 克拉。自 1913 年以来，大多数国家都一致认为，1 克拉等于 0.2 克。

在 1913 年之前，克拉重因国家重量单位不同而不同。印度的与英国的不一样，法国的和印度、英国的不同。如果你想购买古董珠宝，且单据是旧的，那么这一点就很重要了。旧克拉重量比 1913 年后的公制克拉要大。因此，一颗 3 克拉的古董宝石比现在同样克拉重的要沉。

我想强调的是，克拉是重量单位，不是尺寸单位，大多数人认为一颗 1 克拉的宝石是标准尺寸。比如，大多数人都希望一颗 1 克拉的钻石和一颗 1 克拉的祖母绿看上去一样大。持这种观点的人并不少见。

将 1 克拉的钻石、1 克拉的祖母绿和 1 克拉的红宝石进行比较，就可以清楚地说明这一点。首先，祖母绿的比重小于钻石，而红宝石的比重大于钻石。祖母绿的比重较小，每克拉的体积相对较大。红宝石比重较大，每克拉的体积相对较小。这意味着 1 克拉的祖母绿看上去比 1 克拉的钻石大，而 1 克拉的红宝石看上去会比 1 克拉的钻石小。

让我们换个角度来看。如果你比较 1 立方英寸[①] 的木材、

① 1 立方英寸约等于 16.4 立方厘米。

1 立方英寸的铝和 1 立方英寸的铁，你会发现同样体积的铁最沉。这里的铁就像红宝石，而木材就像祖母绿，钻石就像铝。相同体积的不同材质根据密度的不同有不同的重量，这也被称为比重。

每种宝石有各自的比重。宝石的比重越高，相同体积的宝石就越重；比重越低，宝石越轻。

相同密度相同体积的宝石应该重量相同，对钻石来说，克拉重就代表特定的尺寸大小。但这是以钻石为基础的，它总是以同样的比例切磨。因此，特定重量的钻石总是对应大致相同的尺寸。1 克拉的圆钻直径约为 6.5 毫米，2 克拉的圆钻直径约为 8.2 毫米，等等。但这些标准不适用于其他宝石（其他宝石切工不统一）。

由于钻石重量和大小之间的密切关联，当大多数人根据克拉重描述想要的宝石时，总是跟钻石相比对。例如，当有人说想要一颗 1 克拉的圆钻型蓝宝石时，通常意味着他想要一颗看起来大小跟 1 克拉钻石相同的蓝宝石，即直径约 6.5 毫米。

除了宝石密度对尺寸大小有影响外，彩色宝石的切工也可能会影响宝石大小。正如前面提到的，有时宝石切磨工人只是想尽可能保重，致使宝石切工过深，这样它可能会重一些，但看起来会比克拉重只有一半的宝石小。有时为了减轻宝石的色调而切工过薄，可能会使它看起来比相同重量但切工较厚的宝石要大。无论任何情况，切工比例都会影响宝石成品的视觉大小。

就彩色宝石而言，最好以钻石为参考，反映近似大小，而不是一个特定的克拉重。请记住，如果你以钻石作为参考尺寸，务必要求珠宝商给你那颗毫米尺寸（直径或长宽）的宝石，而不是克拉重，以便于明确你想要的尺寸大小，而不是简单的数字。

通常情况下，宝石重量越大，克拉单价就越高。除非宝石非常大，例如，超过 50 克拉，这样的话，对某些类型的首饰来说（戒指或耳环）就用不上，便不好出售，克拉单价就会下降。比如一些刻面托帕石，重达 2500~12000 克拉，就只能做镇纸了。

一些宝石容易有大尺寸，比如碧玺，经常可以见到 10 克拉以上的。而其他宝石超过 5 克拉都非常罕见，如果见到大颗粒的，价格会很高，如托帕石、变石、翠榴石、沙弗莱石、红宝石和红色绿柱石等。这些大颗粒宝石很罕见，一颗 10 克拉的就可以卖出天价。1982 年，一颗 30 克拉的蓝色钻石售价高达 900 万美元。

不同种类的彩色宝石对尺寸大小的定义也是不同的。一颗 5 克拉的变石或红宝石算很罕见，一颗 18 克拉碧玺的大小只能说“还不错”。

与钻石一样，不到 1 克拉的宝石的克拉单价要比 1 克拉以上的宝石便宜很多，这里面的溢价规律很复杂。不同种类宝石的尺寸大小和价格界定很不相同。例如，一颗 8 克拉的碧玺属于中等大小，相当普遍，价格也相对普通。一颗 5 克拉的沙弗莱石则极为罕见，其价格远高于 1 克拉的沙弗莱石。再比如，以前 20 克拉左右的托帕石很常见，但如今甚至 10 克拉的都很难见到了，因此价格也飞速上涨。

第 5 章　彩色宝石合成和处理

今天，有大量合成宝石和处理过的宝石材料，它们是天然宝石的替代品，可以制作成有吸引力的首饰，但你必须明白它们的合理价位。

合成宝石也有区分

合成宝石是科技进步的结果，但合成宝石不是仿宝石。从技术层面上讲，“合成”一词表明该材料是在自然中存在的与天然宝石化学成分相同的宝石材料，换言之，其成分和天然宝石基本相同。这意味着，一颗合成宝石具有和天然宝石基本相同的物理、化学及光学性质。从实际的观点来看，这意味着它们的鉴定方法和天然宝石类似，因此鉴定难度也增大了。

仿宝石是人工制造的，但不具有天然宝石的成分，和天然宝石有着完全不同的物理、化学性质，例如玻璃仿宝石就很容易与天然宝石区分。红色玻璃可以仿红宝石，但它与红宝石的相似之处只有颜色，用宝石放大镜观察就会发现蛛丝马迹，宝石学方面的测试也能证实这个结论。

今天，很多合成宝石的生产方式不尽相同。有的成本很低，虽然成分与天然宝石相同，但看起来并不像天然宝石。有的生产周期则很短，与天然宝石的形成时间大相径庭。它们的不自然外观和低成本的模仿效果经常与天然宝石相混淆。这种类型的合成宝石今天随处可见，历史已超过百年。

近年来，科技进步已可以使科学家创造出更接近自然环境中生长的矿物。晶体可以在实验室中"生长"，非常接近天然宝石，通常被称为助熔剂法生长的或实验室生长的合成品。有的实验室生长的合成材料很贵，生产成本较高，成本高导致价格高，消费者有时会错误断定它们是天然宝石。完美的合成宝石无法与天然宝石相比，即使合成宝石也昂贵，但合成宝石能与天然宝石媲美的也只有外观中的一小部分。

对于负担不起相同品质的天然宝石的消费者来说，合成宝石是天然宝石的完美替代品。但可以肯定的是，合成宝石不会在自然环境中生长。此外，请记住，便宜的人工合成品随处可见，如果你花钱买合成宝石，请确保你买到的是实验室的合成品，而不是那种便宜的类型。当你货比三家，比较各种合成宝石时，就会发现它们之间存在显著的视觉差异，所以必须训练你的眼睛来仔细观察想要的宝石。

从常规到非常规的宝石处理

使用不同的宝石处理方法，以改善宝石外观的做法并不罕见。我们发现，在古董珠宝和罗马时期的作品中，有很多改善宝石外观的处理证据。但是，受天然优质宝石供应持续短缺的影响，常规宝石处理方法于 20 世纪 60 年代开始盛行。也就是说，没有进行任何人工处理的天然宝石越来越罕见，比如天然祖母绿、红宝石和蓝宝石。公平来讲，如果不是各种宝石处理方法的使用，目前美丽的天然宝石供应几乎耗尽，只有富有、有地位的人才能拥有!

花几个月去寻找一颗特定大小和质量的天然宝石并非易事，但发现后，其高昂的价格足以令普通消费者望而却步，只有专业的宝石收藏家和鉴赏家才能拥有。我最近就在帮助一对夫妇寻找一颗完美的哥伦比亚祖母绿。在与我讨论了相关问题，并了解了针对祖母绿的不同充填处理方法后，他们愿意接受“轻微注油的处理方法”。但是他们不接受其他类型的充填处理方法，或者超过最低程度的处理方法。最终，这对夫妇花了几个月才找到一颗 3.64 克拉的祖母绿，批发价高达 10 万美元! 我还花了几个月帮助另一对夫妇寻找 5 克拉克什米尔天然蓝宝石，其批发价超过 5 万美元。

大多数宝石处理方法都是针对天然宝石的后续过程，可以说几乎所有天然宝石都在天然环境中形成，暴露于热辐射和其他各种辐射中。目前，大多数红宝石、蓝宝石和许多其他天然宝石都会进行常规的热处理或辐照处理，以改善它们的色彩和透明度，从而提高价格。另外，如果宝石的颜色是完美和天然的，且没有做过净度改善，那么宝石的价格会更高。目前这样的宝石非常罕见。一些完美的天然彩色宝石在进入市场时，往往成为著名珠宝拍卖行进行重要珠宝销售的主要来源。

无论是拍卖行还是其他销售渠道，有着天然色彩和净度的彩色宝石一般会附有宝石检测证书。相反，如果没有检测报告或任何陈述，出售的宝石颜色和净度都可能或多或少做了某种处理和改善。当你购买任何昂贵的天然彩色宝石时，要确保附有权威彩色宝石检测机构的检测证书。

一些常见的宝石处理方法如下：

热处理

对某些宝石进行热处理，只要处理结果是永久性的，都为珠宝行业所普遍接受。目前市场上的大多数蓝宝石、红宝石均经过了热处理。热处理可以使宝石颜色变浅或加深，或者完全改变其本来的颜色，且可以通过熔化一些细微的丝状包裹体来提高净度。经验丰富的宝石学家或宝石检测技术员通过观察显微镜下的宝石包裹体特征，就能够判定这些宝石的颜色是否经过热处理。举例来说，蓝宝石和红宝石能耐高温，但高温也会导致宝石内部的小晶体熔化或炸裂。这些包裹体特征就是宝石经过热处理的证据。

确定一颗宝石是否经过热处理很容易，但要确定没有经过热处理往往很难。也就是说，确定宝石颜色为天然并不容易。做出这个判断需要先进的技术和设备支持，以及专业的大型实验室，即便如此，也不一定能得到明确的结果。宝石学家必须仔细检查宝石的内部特征。如果他们看到了原始的包裹体，就可以证明颜色是天然的；如果他们所见的包裹体有所改变，说明宝石经过了热处理。但当宝石内部什么也没有时，那么是否经过了热处理就不能确定了。

1960 年以来，市场出售的大多数红宝石和蓝宝石都经过了热处理，目的是改善颜色，提高透明度。今天，进行常规热处理的宝石包括琥珀、紫晶、海蓝宝石、粉红色绿柱石（摩根石）、玛瑙、黄晶、紫锂辉石、坦桑石、粉红色托帕石，以及几个品种的碧玺和锆石。

扩散处理

扩散是最近兴起的一种宝石处理方法，有几个不同的种类，如表面扩散、深部扩散、晶格扩散或元素扩散等，但基本过程相似——将宝石材料表面长时间暴露于化学品中，或者对其进行加热处理。处理后的宝石颜色可以变得“罕见”，或者更理想。目前，扩散处理广泛应用于生产各种颜色的托帕石和颜色更理想的蓝宝石，包括深浅不同的蓝色、黄色、橙色，以及罕见的粉橙色（帕帕拉恰蓝宝石的颜色）。即使是红宝石，也可以由非常普通而廉价的刚玉制造。扩散也常用来制造自然的“星光”红宝石和蓝宝石。扩散处理的宝石售价比用传统热处理的宝石价格低得多，是后者的 1/10 左右。

采用扩散技术处理的宝石通常是无色、灰暗的，或者带有明显色带。那些颜色很深，几乎是黑色不透明的宝石材料也可以通过扩散技术来改善。早期的扩散技术不成熟，用这种方法处理的宝石颜色仅限于表面（如果把石头切开，会看到只有很薄的边缘是有颜色的，而宝石内部几乎无色），经验丰富的宝石学专业人员就很容易能够判断该宝石是否进行过扩散处理。目前，人们使用的扩散技术都是更新的技术，颜色也可以渗透到宝石更深的内部。因此这些宝石更加难以检测，往往需要更为复杂的各项宝石学测试，在某些情况下，还需要宝石实验室的专项服务才能做到。

重要的是要知道宝石的颜色是否经过扩散处理的结果，这可以方便你对所付出的价格是否合理做出判断。此外，通过扩散处理的宝石需要格外注意避免损伤，因为这可能会造成二次抛光。如果宝石颜色只局限于表面，重新抛光打磨可能会使宝石颜色消失（如果这种情况发生，可以退还给卖家要求重新处理以恢复原来的颜色）。

不幸的是，扩散处理的蓝宝石和红宝石可能陈设在珠宝橱窗中，和非扩散的宝石一起出售。因此，尤为重要的是，购买完美的蓝宝石和红宝石，必须通过信誉良好的卖家，最好咨询有经验的、称职的珠宝专业人士。他不仅知道你要购买的宝石的相关信息，而且可以提供宝石检测的相关服务。

如果能够清楚判定宝石是否经过扩散处理，顾客就可以获得更多的价格选择空间。如果一颗宝石明确经过了扩散处理，只要价格合理，在小心佩戴和妥善保养的前提下也可以购买。

目前，扩散处理应用于许多宝石上，如蓝宝石、红宝石、托帕石等。将来，这种处理方法可能应用于其他宝石中。但是，我们也要注意到，在世界一些地区产出的蓝宝石，如美国蒙大拿州，就不允许进行扩散处理，只能进行常规的热处理。

辐照处理

辐照处理技术相对较新，经常用于各种各样的宝石，有时会结合热处理。如果处理后宝石颜色持久，就可以投入市场；如果颜色不持久，变淡或在较短时间内变回原来的颜色，就不能进入市场。还有一些问题要注意，就是关于辐射水平对人体健康的影响。射线监管机构一直致力于建立标准。目前，GIA宝石鉴定实验室（GTL）也有能力测试经辐照改色的宝石射线是否在正常人体可承受的范围内。

直到最近，珠宝店出售的各种色调的蓝色托帕石几乎都经过辐照改色，非常受广大消费者喜爱。这些颜色通过表面涂层和扩散处理也能够做到，但可能不会持久。除了蓝色托帕石外，其他宝石也可以进行辐照改色，如深蓝色绿柱石（又称为马克西西型绿柱石，一种易褪色的深蓝色海蓝宝石，由辐照改色），黄色绿柱石，钻石，紫锂辉石，黄色或橙色蓝宝石（颜色不稳定、易褪色），黄色和绿色托帕石，以及红色、粉色和紫色碧玺等。

充填

当光线穿透有裂隙的有色宝石时，光会在宝石内部发生折射，造成宝石裂隙附近的区域泛白，在某些情况下，这种现象会使宝石裂隙更明显。如果在延伸至宝石表面的裂隙充填适当的物质，折射率可以极大降低，光就不会发生折射而是直线穿过宝石，宝石颜色就不会减弱，裂隙也不会过于明显。某些宝石，如祖母绿，形成的地质环境和条件较为极端，比其他宝石的裂隙更为常见，因此，祖母绿通常采用充填处理的方法使裂隙可见程度降低。珠宝行业一直认为祖母绿注油处理是可行的方法，并已成功应用多年。我们并不知道是从什么时候开始给祖母绿注油的，但在古罗马时期的许多古董祖母绿碎片中，都可以看到注油的痕迹。

目前，宝石充填使用的物质多种多样，包括油、蜡、石蜡、玻璃和环氧树脂等。可以使用这些物质进行充填处理的宝石，主要包括祖母绿、海蓝宝石、橄榄石、翡翠、绿松石、红宝石和蓝宝石等，变石和石榴石有时也会进行充填处理，但并不常见。其中要特别注意红宝石和蓝宝石的充填处理，一些新产地发现的红宝石和蓝宝石含有很多包裹体，会经常使用注油或注蜡技术加以改善。

经济实惠地处理宝石

经过处理的宝石价格相对便宜，消费者既可以按照个人喜好挑选，又负担得起价格，是经济实惠的选择。在购买时，清楚知道你想购买什么宝石是最重要的考虑因素。有的商人钻空子，在进行交易时可能会有欺骗行为（见第二部分第 6 章），但只要明确说明宝石经过处理的事实，且宝石处理对外观有所改善，销售就是合法的，宝石贸易也是可以接受的，这些在最终的宝石购买发票上都要详细注明。有了这些保障措施，你就可以合理展开宝石购买计划，尽情享受宝石处理方法带来的美丽吧。

常见的宝石处理方法

宝石名称		优化处理方法	频率	稳定性	所需的护理	备注
变石		O：减少裂隙可见度	很少	非常好	正常	
琥珀		H：加深颜色，增加透明度	经常	很好	特殊	避免化学品、超声波清洗仪
		D：表面处理，加深颜色	很少	易变化	特殊	避免化学品、超声波清洗仪
紫晶（见水晶）						
紫黄晶（见水晶）						
彩斑菊石		I：增加稳定性	经常	较好	特殊	避免加热、化学品、超声波清洗仪
绿柱石	海蓝宝石	H：产生纯正蓝色	经常	极好	正常	
	蓝色（maxixe）	R：使无色或浅粉色绿柱石改色成深蓝色	经常	差	极特殊	易褪色；避免光和热
	祖母绿	O：改善外观，减少裂隙可见度	经常	好	特殊	避免温度骤变、化学品、超声波清洗仪
		D：浸有色油以增色	偶尔	易变化	特殊	避免温度骤变、化学品、超声波清洗仪
	粉色	H：生成更纯正的粉色	一般	极好	正常	
	黄绿色	无	不适用	不适用	正常	
	红色	O	一般	好	特殊	避免超声波清洗仪、高温、化学品
	黄色	R：增色	经常	易变化	较特殊	避免长时间暴露于光和热

续表

宝石名称		优化处理方法	频率	稳定性	所需的护理	备注
金绿宝石	猫眼	R：改色	偶尔	极好	正常	中子辐照改色，可能会使宝石具有放射性，可能会危害健康
	变石（见变石）					
	黄色	无	不适用	不适用	正常	
	棕色	无	不适用	不适用	正常	
	绿色	无	不适用	不适用	正常	
黄晶（见水晶）						
珊瑚	黑色	无	不适用	不适用	正常	
	白色	B	一般	好	特殊	避免化学品、化妆品、超声波清洗仪
	粉色	W	一般	好	特殊	
	橙色	I：注塑后，增加稳定性	一般	好	特殊	
	红色	D	偶尔	易变化	极特殊	
刚玉	红宝石	H：改善颜色和净度	经常	极好	正常	
		D：注有色油染色	偶尔	差	特殊	避免化学品、超声波清洗仪
		F：充填	一般	好	特殊	充填红宝石很脆弱，充填物可能在极端压力下溢出：避免高温、超声波清洗仪
		R：改色	很少	未知	正常	
		U：增色或产生星光效应	偶尔	好	特殊	颜色只在表面，避免再次切磨

续表

宝石名称		优化处理方法	频率	稳定性	所需的护理	备注
刚玉	蓝宝石	H：改善颜色和净度	经常	极好	正常	
		F：减少裂隙的可见度或反射	偶尔	很差	特殊	避免化学品、超声波清洗仪
		U：增色或产生星光效应	偶尔	好	特殊	避免再次切磨，因为颜色只在表面
		R：改色	偶尔	很差	极特殊	在高温和光照下很容易褪色
祖母绿（见绿柱石）						
石榴石	铁铝榴石	无	不适用	不适用	正常	避免温度骤变
	翠榴石	O：减少裂隙的可见度	很少	好	特殊	
	镁铝榴石	无	不适用	不适用	正常	
	铁镁铝榴石	无	不适用	不适用	正常	
	锰铝榴石	无	不适用	不适用	正常	
	沙弗莱石	无	不适用	不适用	正常	
赤铁矿石		无	不适用	不适用	正常	
堇青石		无	不适用	不适用	正常	
玉	翡翠	W：注无色蜡	一般	适当	较特殊	避免超声波清洗仪
		B	很少	差	特殊	避免高温、化学品、超声波清洗仪
	绿／白、紫	B	一般	非常好	特殊	避免高温、化学品、超声波清洗仪
	软玉	D	很少	未知	特殊	避免强光照射、化学品、超声波清洗仪

续表

宝石名称		优化处理方法	频率	稳定性	所需的护理	备注
紫锂辉石（见锂辉石）						
天青石		W	一般	适当	较特殊	避免化学品、超声波清洗仪
		D	一般	易变化	特殊	避免化学品、超声波清洗仪
孔雀石		W	偶尔	适当	特殊	避免化学品、超声波清洗仪
		I	很少	好	特殊	避免化学品、超声波清洗仪
月光石		无	不适用	不适用	正常	
欧泊	白欧泊、黑欧泊	O：用油、蜡、树脂	很少	适当	特殊	避免超声波清洗仪、高温、可溶性溶液
		I：使用无色塑料改善耐久性	很少	好	特殊	避免高温、可溶性溶液
	脉石欧泊	D：使用糖酸等化学物质	一般	好	特殊（再抛光）	避免可溶性溶液
	砾背欧泊	O	偶尔	适当	特殊	避免高温、化学品、超声波清洗仪、再抛光
	火欧泊	无	不适用	不适用	特殊	避免高温
橄榄石		O	很少	较好	特殊	避免温度骤变、强腐蚀性化学品、超声波清洗仪
水晶	紫晶	H：改善颜色	经常	极好	特殊	避免长时间暴晒于阳光下

续表

宝石名称		优化处理方法	频率	稳定性	所需的护理	备注
水晶	紫黄晶	H：产生黄色	偶尔	极好	无	
	黄晶	H：将其他颜色水晶变为黄晶	经常	极好	正常	
玉髓变种	玛瑙	D	经常	极好	正常	
	黑色缟玛瑙	D	经常	极好	正常	
	条纹玛瑙	D	经常	极好	正常	
	蓝玛瑙	D	一般	较好	特殊	在光照 / 高温下易褪色
	绿玛瑙	D	经常	较好	特殊	在光照 / 高温下易褪色
	红玉髓	H：产生颜色	经常	极好	正常	
	碧玉	D：仿其他宝石	偶尔	极好	正常	
	绿玉髓	无	不适用	不适用	正常	
蔷薇辉石		D：均色处理	偶尔	差	特殊	避免化学品、超声波清洗仪
红宝石（见刚玉）						
蓝宝石（见刚玉）						
蛇纹石玉		D 或 W	一般	较好	特殊	可能会褪色；避免超声波清洗仪
方钠石		D	很少	适当	特殊	可能会褪色；避免丙酮擦拭
尖晶石		无	不适用	不适用	正常	

续表

宝石名称		优化处理方法	频率	稳定性	所需的护理	备注
锂辉石	紫锂辉石	H	一般	适当	特殊	避免强光照射和超声波清洗仪
		R	一般	适当	特殊	
	绿色锂辉石	R：产生颜色	很少	差	极特殊	加热或见光会褪色
	黄色锂辉石	R：产生颜色	很少	差	极特殊	加热或见光会褪色
苏纪石		无	不适用	不适用	正常	
坦桑石		H：产生蓝色或紫色	经常	极好	特殊	避免温度骤变；可能会有点脆，所以应小心佩戴
托帕石	蓝色	R、H、U：产生蓝色	经常	极好	特殊	有些可能具放射性
	黄色 / 橙色	R：加强颜色	偶尔	易变化	特殊	避免高温及强光
	粉色 / 红色	H：将橙色或粉棕色托帕石改色为粉色 / 红色	经常	极好	正常	
	棕色	无	不适用	不适用	正常	
	绿色	R：产生颜色	偶尔	差	极特殊	日光照射下会褪色
		U：仅产生表面的颜色	经常	好	特殊	避免再抛光或再切磨
碧玺	铬碧玺（绿）	无	不适用	不适用	正常	
	黄色 / 橙色	H：改善颜色	很少	好	正常	
	绿色、蓝色	H：改善颜色	一般	好	正常	
		O：改善净度	偶尔	较好	特殊	避免温度骤变、汽蒸、化学品、超声波清洗仪

续表

宝石名称		优化处理方法	频率	稳定性	所需的护理	备注
碧玺	粉色、红色、紫色	H：改善颜色	偶尔	极好	正常	
		R：加强颜色	一般	好	正常	
		O：改善净度	偶尔	较好	特殊	避免温度骤变、汽蒸、化学品、超声波清洗仪
		D：改善颜色	偶尔	较差	特殊	避免温度骤变、汽蒸、化学品、超声波清洗仪
绿松石		I：改善颜色和净度	一般	好	特殊	避免热水和家用清洁剂
		W：产生颜色	一般	较差	特殊	避免热水和家用清洁剂
		D：改善颜色	很少	差	极特殊	避免热水和家用清洁剂
锆石	绿色、棕色	无	不适用	不适用	特殊	避免磨料磨具；易碎，应小心佩戴
	黄色	H：改善颜色	很少	好	特殊	避免磨料磨具；易碎，应小心佩戴
	蓝色、无色	H：将棕色锆石转变为无色和蓝色	经常	较差	特殊	避免磨料磨具和强光照射；易碎，应小心佩戴
	红色	H：将棕色锆石转变为红色	一般	较差	特殊	避免磨料磨具和强光照射；易碎，应小心佩戴

B：漂白——通过高温、光或化学制剂使宝石颜色变淡

D：染色——通过注入染料使宝石着色、改色或使宝石颜色更均匀

F：充填——使用无色玻璃、塑料、固化硼砂或类似物质充填表面裂隙。宝石专业人士在适当的照明下，使用 10 倍放大镜可以观察到充填物

H：热处理——加热改善宝石颜色和透明度，或制造猫眼或星光等特殊光学效应

I：浸塑——使用无色物质（通常是塑料），浸渍多孔宝石，以改善外观和（或）增加耐久性

O：注油 / 树脂——使用无色油、树脂、石蜡或其他物质充填宝石，以改善宝石表面的裂隙

R：辐照——用中子、γ 射线和（或）电子轰击宝石以改色；辐照处理可与热处理叠加

U：扩散——将化学制剂涂于宝石表面，在高温高压的条件下，使宝石表面产生颜色或星光效应

W：注蜡 / 油——将无色石蜡或油注入多孔的不透明宝石（如绿松石）中以改善外观

第6章　彩色宝石：如何辨识骗局，避开虚假信息

首先，要强调的是，珠宝交易中存在的虚假描述和欺诈行为的比例是相当低的，大多数珠宝商是有信誉、专业的，值得信任。在彩色宝石市场中，虚假描述行为比钻石市场更为多见，主要是彩色宝石的科学体系更复杂。当你购买彩色宝石时，找可靠的珠宝商非常重要，避免自己受欺骗。还要强调的是，当你购买价格昂贵的彩色宝石时，记得索要权威机构出具的鉴定证书，它包含了你要购买的宝石的重要相关信息。

如何区分合成宝石与天然宝石

在合成宝石与天然宝石难以分辨的今天，判断宝石是不是天然宝石非常重要，因为合成宝石与天然宝石非常相似，很容易混淆。正如第二部分第5章讨论的，合成宝石可以给你提供更大的选择空间。你可以支付合理的价格去购买一颗你喜欢的合成宝石，但不应该有意或无意地受到欺骗，以天然宝石的价钱去购买一颗合成宝石。

合成宝石投入市场已经很多年了。自20世纪初期开始，合成蓝宝石、合成红宝石、合成尖晶石就已投入商业生产，而合成祖母绿在20世纪40年代左右才出现。这些合成宝石之所以具有吸引力和竞争力，是因为价格低于相应的天然宝石，但大多数看起来太完美以至于不像天然宝石，所以很容易与天然宝石区分。

但如今情况不是这样了。旧技术生产的合成宝石很容易鉴别，一些典型的特点早已被珠宝商所熟悉。新的复杂方法生产的合成宝石，其内含物特征与天然宝石非常相似，也不具有旧技术容易鉴别的特征。结果就是，一些合成宝石有意或无意地被当作天然宝石出售。只有具有丰富经验的宝石鉴定专家（如来自GIA的宝石鉴定专家）或宝石实验室（如AGL）工作人员，才能区分它们。

在这里，我要讲一段真实的经历，以说明购买彩色宝石时索要专业机构鉴定证书的重要性。我认识一位诚实的、口碑良好的珠宝商，他从事宝石行业多年，有着专业的宝石知识和丰富的经验。尽管如此，他还是购买了一颗新型的合成红宝石，并无意识地将它当作天然红宝石，以 1 万美元的价格转卖给了一位顾客。

顾客又将宝石卖给了另一人，并从中获利。最后这个人把宝石拿到一家信誉良好和设备完善的专业鉴定机构做了鉴定，结果证明是一种新型的合成材料。真相很快公之于众，在这种情况下，第二方和第三方都没有失去什么，但是第一位珠宝商不仅遭受沉重的经济损失，名誉也受到相当大的损害。

你可能会问，他怎么会犯这样一个低级错误？其实也很容易回答。他知识渊博，像许多珠宝商一样，有能力鉴别合成宝石与天然宝石。但他的知识相对陈旧，没有与时俱进，对市场上一些新型合成宝石知之甚少。这些新型合成宝石有很多是在美国生产的，而亚洲又是很多天然宝石的产地，这些美国生产的合成宝石很容易被混淆成天然宝石在亚洲销售，他就是在亚洲一个私人派对上购买了这颗合成红宝石的。茫茫人海里，珠宝商很难再找到当初的卖家，因此损失也就无法挽回了。

由此可见，在购买宝石时，特别是贵重的红宝石、蓝宝石和祖母绿时，选择具有专业素质的宝石鉴定师非常重要。在动辄上万美元的交易中，珠宝商可能因错误判定购买一颗自认为是天然的宝石，然后将错误转嫁给消费者，使消费者遭受巨额损失。不要盲目相信信誉好的珠宝公司，再有名的珠宝公司有时也会在这方面犯错误。要获得珠宝专家的鉴定可能并不容易，而且还可能需要一笔额外的费用，但我相信，这样做会省去很多后顾之忧，比遭受损失后感到遗憾要好。

凭借精良的现代化设备和充足的知识，人们现在可以“制造”几乎所有种类的合成宝石。作为一般规则，请记住，任何宝石如紫晶、变石、红宝石、祖母绿、蓝宝石和欧泊等，甚至绿松石都可能是合成的。许多合成宝石本身价格也并不便宜，而且大多数很难与相应的天然宝石进行区分，因此一定要花精力对宝石进行准确鉴定。

仿宝石

正如前面已经讨论过的（详见第二部分第5章），合成宝石具有与天然宝石基本相同的物理、化学和光学性质，不应与仿宝石相混淆。仿宝石通常选用与天然宝石颜色相似的人造材料来代替，价格非常便宜。许多用来仿宝石的材料是玻璃，也可能是塑料。通过常规的宝石鉴定手段，人们就很容易将仿宝石与天然宝石区分开来。通常用玻璃来仿彩色宝石，用塑料仿珍珠、绿松石和琥珀也很常见。

仿宝石有时会与天然宝石同时出现在一件首饰上。

外观相似的替代品

欺骗与虚假描述的另一种形式更为常见，就是用罕见的不太昂贵的宝石冒充价格昂贵的宝石。今天，越来越多各种颜色的天然宝石进入市场，因此故意欺骗和虚假描述的情况屡见不鲜。

颜色和净度改善

正如在第二部分第5章介绍过的，宝石的颜色改善并不是新技术。许多过去常用的常规宝石改善方法，目前经常在宝石改善中应用并被许可。然而，某些宝石改善方法由于效果持久性不高且颜色可逆，对一些彩色宝石并不适用，因此这类改善方法在宝石贸易中是不允许的。

宝石的颜色改善很常见，准确了解哪些手段是可接受的，哪些在宝石行业被认为带有欺骗性，这对消费者非常重要。

在这里，我们将讨论各种宝石处理方法，并解释哪些手段是常规改善方法，哪些可能构成欺诈或虚假描述。

热处理宝石

宝石的热处理是宝石颜色改善的最常用方法，包括加深颜色、淡化颜色，甚至改变原来的颜色。宝石的热处理被业内认为是合理手段，不构成欺骗。当这种方法应用于某些宝石上时，结果是永久性的。宝石的热处理是宝石界公认的惯例，适用于下列宝石种类：

- 琥珀——颜色加深，并增加“太阳光芒”效果。
- 紫晶——颜色变浅，将无色水晶改色成黄晶出售。
- 海蓝宝石——颜色加深，去除绿色调，使其呈现完美蓝色。

· 红玉髓——形成各种颜色。

· 黄晶——通过热处理形成各种颜色的水晶。

· 紫锂辉石——颜色改善。

· 摩根石——从橙色到粉红色。

· 蓝宝石——颜色变浅或加深，去除色带，改善颜色的均匀性。

· 坦桑石——生成更理想的蓝色。

· 托帕石——结合辐照改色，生成深浅不一的蓝色或粉红色。

· 碧玺——颜色变浅或加深，通常应用于绿色或蓝色碧玺。

· 锆石——形成红色、蓝色或无色锆石。

通过热处理方法获得的颜色通常来说较持久。

扩散处理宝石

·红宝石和蓝宝石 扩散处理是一种常用的宝石处理方法，通过将化学物质引入宝石表面，再经过较长时间加热，这种方法可以将无色或有色带的宝石转变为颜色更完美、更有价值的宝石。最初，其所使用的化学物质与天然宝石表面颜色的成分相同。但到了今天，其他的化学物质也应用于其中，渗透更深入，也更难以检测。扩散处理的颜色主要包括黄色、橙色、蓝色、红色，以及一种稀有的粉橙色（帕帕拉恰蓝宝石的颜色）。

扩散处理红宝石和蓝宝石颜色多样，一些无良商人用它们取代无扩散处理的宝石，然后批量出售给零售商。它们也经常被镶嵌在古董首饰中。当你购买价格不菲的蓝宝石时，从知识渊博、信誉良好的珠宝商那里购买非常重要，尤其要警惕那些便宜货。扩散处理的红宝石没有蓝宝石那么常见，但在购买红宝石或任何颜色的蓝宝石时，建议索要权威的宝石检测机构（见附录）出具的鉴定报告或证书。

· 托帕石　通过扩散处理可以创造出自然界中不存在的绿色托帕石和晕彩托帕石。粉色托帕石也能通过扩散处理得到。

只要商家事先明确告知宝石是经过扩散处理的，且价格合理（一般为常规热处理宝石价格的 1/10 左右），扩散处理宝石也是一个不错的选择。同时，需要注意的是，扩散处理宝石较脆，佩戴时应格外小心，防止碎裂。

辐照处理宝石

辐照技术是目前常用的宝石处理方法。有时辐照处理与热处理会结合使用。只要处理结果稳定永久，通过辐照改善宝石颜色也是被许可的。

以下宝石中常用辐照改善技术：

- 钻石——改色，从白色到彩色（绿色，黄色等）。
- 紫锂辉石——加深颜色。
- 珍珠——蓝色和灰色调的黑珍珠。

- 托帕石——从无色到蓝色，使黄色、橙色加深，生成绿色。
- 碧玺——使粉色、红色和紫色加深。
- 黄色绿柱石——生成黄色。

一些颜色很深的蓝色托帕石已发现含有放射性物质，对佩戴者身体有害。自1992年以来，在美国出售的大多数蓝色托帕石都要求进行GIA或其他机构的放射性水平检测，而其他国家没有硬性要求。因此，在其他国家购买蓝色托帕石时要格外谨慎。

据我所知，有的宝石辐照改色作用持久，但有的宝石辐照改色是暂时的，比如一些辐照改色的蓝色蓝宝石、橙色蓝宝石和黄色蓝宝石，其颜色会迅速褪色。我曾看到过一颗漂亮的经辐照改色的黄色蓝宝石在暴露于打火机的火焰中时迅速失去颜色。如果你正在考虑购买黄色蓝宝石，这个简单的方法或许值得一试。深蓝色绿柱石是无色绿柱石经辐照改色而成的，但会很快褪色（在加拿大和巴基斯坦发现的天然深蓝色绿柱石的颜色不会褪色，但产量低，并不具有太大的商业价值）。海蓝宝石和蓝色绿柱石的辐照改色在宝石交易中是不被接受的。

一般来说，对于钻石被辐照改色成各种鲜艳的颜色，宝石鉴定实验室通常可以鉴定出来，但对于大多数经辐照改色的其他宝石而言，鉴定颜色是否为天然的手段较为缺乏，还没发展起来。

染色宝石

染色宝石在古代就有，很多染色玉髓在古代首饰中都有发现，用来仿其他宝石。翡翠、欧泊、珊瑚、青金石，还包括一些质量较差的星光红宝石、星光蓝宝石和祖母绿等，经常作染色处理。

染色颜料可能是非常稳定的，但也可能不稳定。染色青金石的蓝色部分用蘸有指甲油的棉球就可以去除。目前，人们可以对天然宝石染色以改善颜色（如绿色的染色翡翠可能更鲜艳），或者可以用另一种完全不同的宝石进行替代。

染色宝石的价值一般低于天然宝石。尤其看到完美的青金石和翡翠时，要特别留心是否经过染色处理。

以下宝石通常经过染色处理：

- 黑色缟玛瑙——染色玉髓。
- 缟玛瑙——染色玉髓。
- 玛瑙——红棕色的染色玉髓。
- 绿玉髓——绿色的染色玉髓。
- 翡翠——绿色的染色玉髓。
- 瑞士青金——蓝色的染色碧玉。

以下宝石常通过染色改善颜色：

· 翡翠——通常染成祖母绿色或嫩绿色。

· 珊瑚、青金石——染成更深的颜色或使颜色更均匀。

糖酸处理（使颜色变黑的技术）

这种技术也是宝石改色的方法之一，它不是通过染色，而是通过化学反应（糖酸的化学反应）而产生黑炭，从而导致颜色变黑。

以下宝石通常采用糖酸处理方法：

· 黑欧泊——糖酸处理使白欧泊变黑（黑欧泊比白欧泊价值更高）。

· 黑色缟玛瑙——糖酸处理使玉髓变黑（今天市场上所见大多数黑色缟玛瑙实际上是玉髓）。

注蜡处理

注蜡处理是用有色的蜡状物质来隐藏宝石表面的裂纹和瑕疵，以改善其颜色。这种处理方法通常用于廉价的印度星光红宝石，有时也用于星光蓝宝石。

注油处理

注油处理通常用于祖母绿。祖母绿被浸泡在无色油中，目的是填补裂隙，这在祖母绿中相当普遍。祖母绿的裂隙看起来呈现白色，对其绿色有减弱作用，经过注油处理，使裂隙消失，从而改善颜色和外观。

这是一个公认的处理方法。然而，如果经过注油处理的宝石被放在超声波清洗仪中（这对祖母绿来说是非常危险的，在此不推荐），或浸泡在有机溶剂，如汽油、二甲苯中，或含有这些物质的溶剂，如脱漆剂，所注的油就会慢慢溶解，原有的裂隙会出现，颜色会变淡，外观也会恢复原状。如果发生这种情况，可以重新进行注油处理。但是，有一点要注意，不能使用绿色的油。

目前，注油处理（无色油）也常用于其他宝石中，包括蓝宝石、红宝石、翠榴石等，以改善宝石裂隙，提高净度，改善宝石外观。

涂色处理

这种处理方法通常用于透明或半透明的欧泊弧面戒面，使其看起来像珍贵的黑欧泊，通过把宝石放置在一个具有高边（挡板）的封闭空间内来实现。黑色涂料被涂于挡板内侧，这样当宝石放置在内部时，光反射回来，使其看起来像黑欧泊（参见第 86 页拼合石内容）。

底面贴箔宝石

这种方法在现代首饰中并不常见，但在古董首饰中是比较常见的。无论是刻面宝石还是弧面宝石，通常将金箔或银箔密封镶嵌于内衬中来增加亮度和火彩（如玻璃仿钻石），或用彩色箔改色或改善颜色。所以，当你购买首饰时，对密封镶嵌的要特别留意。

我最近检查了5颗由黄金镶嵌的祖母绿，它们颜色非常完美，都被黄金包镶着，以至于看不到宝石背部。因为这几颗祖母绿都完美无瑕，颜色很均匀，于是我产生了怀疑。经仔细检查后我发现，宝石完美的绿色是由于背部一小片拼合石映衬出来的，这些露在外面的宝石甚至不是祖母绿，而是近乎无色的海蓝宝石。因为海蓝宝石和祖母绿同属于绿柱石族矿物（祖母绿是铬和/或钒致色的绿柱石中罕见的颜色品种，而我们平时常见的天蓝色或无色绿柱石叫海蓝宝石），一个缺乏经验的宝石鉴定员或珠宝商，如果只依靠基本程序来鉴别宝石，就可能将这两者混淆。

烟熏处理

这是仅适用于欧泊的处理方法，常用来处理墨西哥产的灰白色欧泊，以改善颜色，加强变彩。它以切磨和抛光的欧泊为基础，将其紧紧包裹在棕色的纸中，放在有盖的容器中加热，直至纸完全炭化。当冷却后，欧泊颜色就会加深，并出现变彩。但如果处理后的这层颜色被划伤，欧泊底层的颜色就会透出来，需要再次进行烟熏处理。

这种处理方法通过将欧泊打湿（比如用唾液），就可轻易鉴别出来。湿润以后，变彩消失，等表面干了以后变彩重新出现，具有这种特征的就是烟熏处理的欧泊。

玻璃或环氧树脂充填裂隙

彩色宝石的表面裂隙可以用液态玻璃或环氧树脂充填，充填物使宝石裂隙不太明显，从而提高宝石的整体外观。带有颜色的充填物同时可以改善宝石的整体颜色。未明确说明经充填处理的宝石是不允许在宝石市场售卖的，否则，就构成欺诈。尽管如此，宝石市场中用玻璃充填的红宝石也屡见不鲜，且数量有上升趋势。看似可爱的红宝石，不过是一些红色玻璃碎片。用环氧树脂充填的祖母绿也广泛流通。

拼合石

拼合石的准确定义：宝石不仅仅由一部分组成，至少包括两种基本类型。对拼合在一起的两部分，有时需要使用彩色胶。三层石通常中间的部分是彩色的。

二层石

了解二层石是很重要的，在合成宝石发展以前，它就广泛应用于古董首饰中，今天又在整个珠宝市场重新出现。

在古董首饰中，最常遇到的二层石通常被称作“假二层石”，其顶部通常是红色石榴石，再黏合适当的彩色玻璃制成。只要组合得当，任何彩色宝石都可以用这种方法来仿造。因为石榴石具有良好的光泽和优异的耐久性，且价格相对便宜，所以这些二层石的顶部通常用石榴石代替。

二层石的另一种形式是由两部分无色材料与适当的彩色胶黏合在一起制成的。例如，仿祖母绿的拼合石有时称为“苏达祖母绿”，其顶部和底部使用无色合成尖晶石，中间（腰部）用绿色胶把它们粘在一起。换成红色胶或蓝色胶还可用于仿红宝石或蓝宝石。

真二层石是指用两片颜色和质量相近的同一种天然宝石组成的拼合石，通过适当的彩色胶黏合，以改善宝石原有的颜色。例如，我们有时会看到的祖母绿拼合石，两部分都是天然祖母绿，但颜色浅淡，用深绿色的胶粘在一起，宝石颜色就显得更浓艳了。

我们经常会遇到的拼合石还有另一种形式，比如“蓝宝石”拼合石，是用蓝色胶将两片天然的浅黄色蓝宝石粘在一起。这种蓝宝石拼合石的外观极像优质蓝宝石。同样的方法也可用于红宝石拼合石上。如果将上述方法中的蓝宝石用绿柱石代替，就是祖母绿拼合石。

欧泊拼合石我们也经常遇到，通常是将天然欧泊薄片粘到基底上，基底可能是质量较差的欧泊，也可能完全是其他宝石。最常见的欧泊拼合石看起来像珍贵的黑欧泊。这种拼合欧泊的顶部通常是半透明或透明的天然欧泊，再用黑色胶粘到质量较差的便宜欧泊或其他宝石上充当底部。请注意，这些拼合欧泊的顶部通常不是真正的天然黑欧泊，但它们看起来肯定很像。

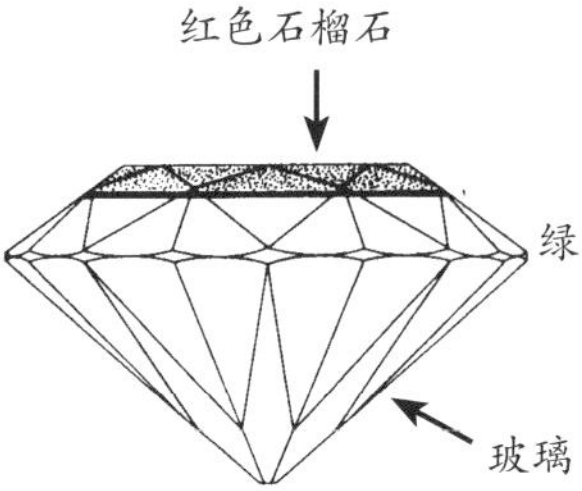

石榴石二层石

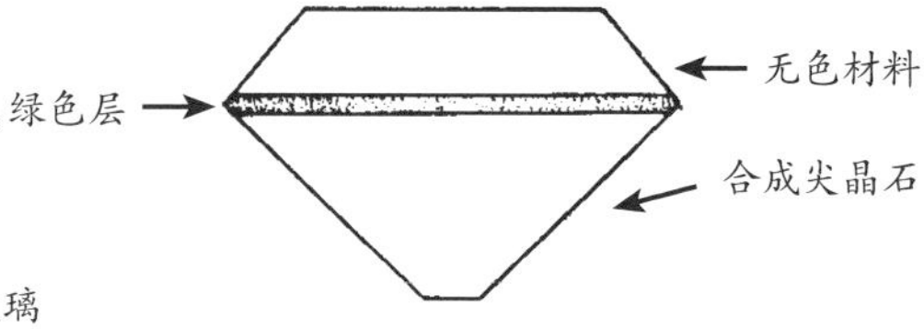

苏达祖母绿二层石

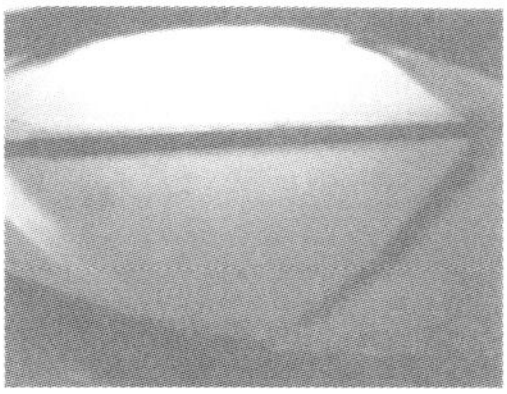

当一些拼合石浸在液体中时（如酒精或二碘甲烷），通常可以看到两个或三个不同的部分。而苏达祖母绿的顶部和底部可能会消失，只能看到一条绿色的平面穿过腰部。

注意：这种浸入特定液体的方法不适用于石榴石二层石。

苏达祖母绿二层石：亭部和冠部的玻璃或合成尖晶石与中间夹的一层彩色烧结玻璃熔接在一起构成的仿祖母绿拼合石。

欧泊拼合石通常用一片薄薄的欧泊粘到更大的质量较差的欧泊上，使整体外观变大。这种拼合石可以通过观察腰部的接合面来识别。如今，大量的拼合石充斥珠宝市场，喜爱蓝宝石、红宝石、祖母绿的消费者要特别小心，一定要从信誉良好的珠宝商那里购买。最近，一位女性消费者支付了 16000 美元在纽约 47 号街道的一家珠宝店买了一对祖母绿耳环，其实就是 4 颗只值二三百美元的祖母绿拼合石。幸运的是，这个女人保留了所有的销售票据，并及时发现了问题，最终退了货。

令人震惊的是，大量的红宝石和蓝宝石拼合石涌现，其顶部经常用的是无色或者廉价天然宝石，而用合成蓝宝石和红宝石衬在宝石底部，整体当作天然宝石出售。当你在亚洲和南美洲旅游时，要特别警惕那些街头兜售的小贩，因为我们经常能看到购买拼合石的游客，尤其是那些在异国旅游的游客。

现在很多拼合石都与天然宝石一起运往世界各地。拼合石很难被发现，甚至能躲过很多宝石专业机构的鉴定。特别是那些时尚现代的镶嵌款式，普通消费者就更难察觉。

只要消费者知道自己购买的宝石是拼合石，且价格便宜，买拼合石就没什么错，但仍要小心谨慎，只有确认了所有的事实，才能购买拼合石。

三层石

在珠宝市场上，欧泊三层石已经大量取代了二层石。三层石和二层石非常相似，不过在顶层上又加了一层无色的弧面石英，将整个二层石覆盖住，以更好地保护原本脆弱的二层石，并且能使整个宝石光泽更强。

如果仔细检查，珠宝商或宝石学专家能轻松将天然宝石与二层石或三层石区分开来。但需要注意的是，如果欧泊拼合石是包镶的，且拼合的缝隙被遮挡，那鉴定拼合石就变得很困难了，有必要的话可能需要把宝石取下鉴定。由于欧泊很脆弱，一般取下之前珠宝商会和消费者达成风险共识，一旦损坏不承担任何破损责任，再由有经验的珠宝工匠来完成。现如今在黑欧泊价值数千美元的情况下，花些额外费用来鉴定它是不是只值几百元的拼合石是非常值得的。当你发现所购买的欧泊顶部很平，要格外当心。

在处理的基础上制作出新型再造红宝石

一种新型的“红宝石”几年前进入市场，一直没有被披露出来且以高价销售。一开始，这样的“红宝石”是由军人从国外带到美国的，他们相信自己以极大的优惠买到了闪耀的珍贵宝石，因为他们的军营距离矿区非常近，因此从未怀疑过自己会受骗。今天这些“红宝石”在连锁百货公司和大型购物中心、网上或者电视购物频道销售、拍卖、流通。通常情况下，和在珠宝店看到的外观类似的昂贵宝石相比，这种宝石的价格非常便宜。但事实上，真相远不是这样，这种新型“红宝石”并不是他们所期待的东西。

今天，在美国和世界其他地方，越来越多的人发现购买的“红宝石”不过是由玻璃和低质量刚玉组成。目前这种石头被当作“真正的红宝石”售卖还一直存在争论。大多数宝石学家认为这种石头应划分为一种新型的再造宝石，这意味着把它们归入了“人造”材料的范围，因为大多数再造宝石都被归为“人造”宝石类。

不论这种石头怎么称呼，制作材料都使用了质量极差的刚玉，且通过加入有色的铅或铋玻璃使外观得到改善。只有呈现出红色且为宝石级的刚玉矿物才能被称为红宝石。用来制作这种新型再造宝石的初始材料通常为含有大量其他矿物包裹体的

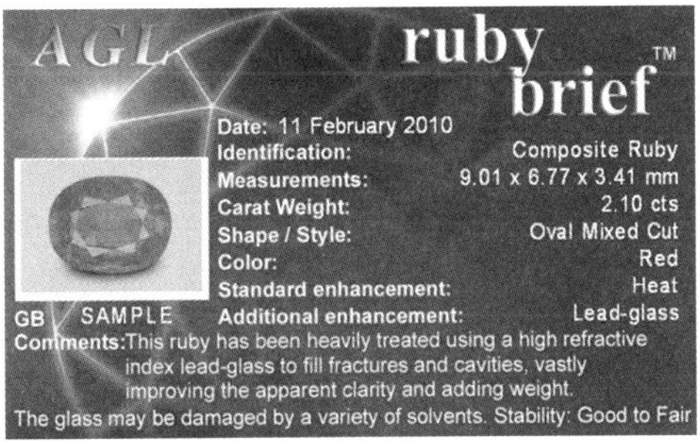

日期：2010 年 2 月 11 日
鉴定结果：再造红宝石
尺寸：9.01mm×6.77mm×3.41mm
克拉重量：2.10 克拉
形状：椭圆形混合切工
颜色：红色
优化处理：热处理
附加优化方法：铅玻璃

说明：这颗红宝石用高折射率的铅玻璃充填裂隙，极大提升了宝石的透明度和总质量。

但玻璃可能被各种溶剂所损坏。

稳定性：良。

来自 AGL 的鉴定报告描述了这种由刚玉和玻璃组成的拼合物，将其称为再造红宝石。

图片来源：AGL © 2010。

带有棕色或黑色调的刚玉。先是通过一种化学处理方法去除材料中的其他物质，剩下疏松多孔的刚玉。在这种状态下，材料因结构不够紧密而不能直接切割或者抛光。之后给这种材料注入有色的玻璃来创造出红宝石一样的外观，再经过切割和抛光就能得到和红宝石一样美丽但并非红宝石的宝石了。还有一些宝石研究者认为，制造这种再造宝石可能还有一种方法，就是把小的刚玉碎片和有色玻璃粘在一起得到更大更漂亮的石头（通过这种方法得到的石头可以明确归为再造宝石），但是这种方法不像今天我们所看到的再造宝石制造方法。

不论使用什么样的方法，在这种玻璃和红宝石组成的复合材料中玻璃的含量在 15% ~ 50%。根据玻璃含量的百分比不同，越来越多的权威实验室将这种材料定名为“复合材料”“再造

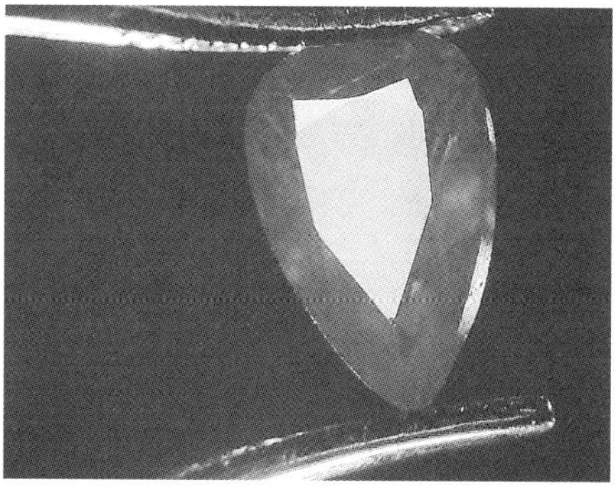

正常红宝石在反射光照射下的光滑表面

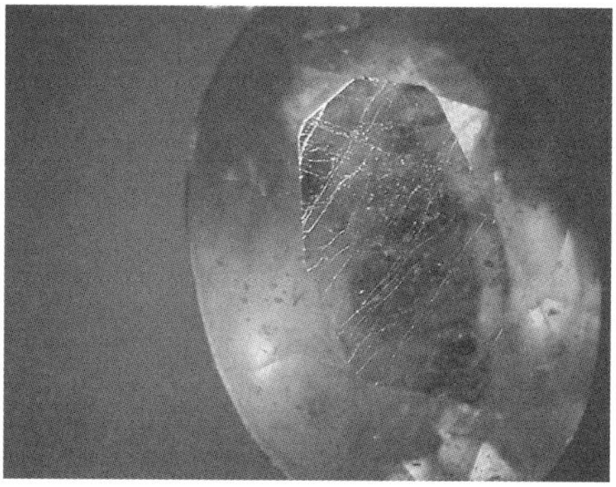

再造红宝石显示出与玻璃黏合有关的裂隙
图片来源：克雷格·林奇（Craig Lynch）。

红宝石”“再造玻璃”。无论它们叫什么，在你购买一颗再造红宝石时要注意：第一，价格比那些市场上已经优化处理过的真正红宝石的价格要低得多；第二，内部含有大量玻璃使得宝石耐久性下降。

不幸的是，这些再造红宝石的数量和导致的误会一直在显著增加，而消费者通常不会被告知这种“红宝石”如果不小心对待的话很容易损坏。很多珠宝商就是在镶嵌或者修复含有这类再造红宝石的首饰时得到了教训。他们使用的常规方法往往很快就破坏甚至不能挽救这样一颗再造红宝石。

无论把这种宝石归为处理红宝石还是人工宝石，再造红宝石的价格都应该很低才对，每克拉只用几美元就能买到。而经过常规处理的红宝石根据大小、处理类型、处理的程度和处理后的外观，价格通常为每克拉几百美元至几千美元不等。这种材料可以制成漂亮便宜的时尚首饰。如果价格合理，消费者也会知道这种宝石需要特殊保养。但是大多数情况下很多人并没有被告知这是一种再造红宝石，销售价格也极其不合理。

在美国，因为对宝石价格和耐久性的影响，这种技术违反了联邦贸易委员会在销售这样的产品时必须告知消费者处理方法和后期保养的条例。尽管如此，这种宝石还是在隐瞒真实情况的条件下被销售。所以在购买任何红宝石时，一定要询问这是不是玻璃再造红宝石，如果被告知不是，那么一定要把这个信息标明在你的销售单据上，而且别忘了要拿着宝石去宝石鉴定师或评估师那里进行鉴定。

误导性名称

另一种形式的误导，是在彩色宝石的名字前面加某些限定词，这会误导消费者认为这就是某种彩色宝石，这种情况经常发生。当彩色宝石前面加了限定词，如“里约托帕石”，一定要问清楚这颗宝石是不是天然托帕石，这个限定词是什么意思，为什么要加这个限定词。

让我们来看两个例子：“日本紫晶”和“斯里兰卡蓝宝石”。日本紫晶其实并不是天然紫晶，而是合成水晶，但是这个名称有很强的误导性，让消费者以为是天然紫晶。斯里兰卡蓝宝石更多的是指它那种特有的蓝色调（非常生动的浅蓝色），其美丽的颜色要比澳大利亚和泰国产出的颜色过暗的蓝宝石更受消费者喜欢。在这种情况下，“斯里兰卡”是对蓝宝石非常重要的描述。

让我们再看一个例子——斯里兰卡彩色蓝宝石，比“斯里兰卡蓝宝石”多了一个“彩色”的限定词。但“斯里兰卡彩色蓝宝石”不等于“斯里兰卡蓝宝石”，而是一种与斯里兰卡蓝宝石颜色类似的蓝宝石。在大多数情况下，限定词也意味着某种颜色的改善。

出售“日本紫晶”或“斯里兰卡彩色蓝宝石”或其他类似名称的宝石没有错，只要支付的价格合理，剩下的就由你来决定：喜欢还是不喜欢，能否满足你的需求，等等。下面提供一些描述性名称和误导性名称及其他可能见到的名称。

描述性名称和误导性名称

描述性名称	误导性名称
祖母绿	
非洲祖母绿（非洲） 巴西祖母绿（巴西） 哥伦比亚祖母绿（哥伦比亚；质量最好，很稀少） 印度祖母绿（印度） 巴基斯坦祖母绿（巴基斯坦） 赞比亚祖母绿（赞比亚）	查塔姆祖母绿（助熔剂法生产的合成祖母绿） 埃斯梅拉达祖母绿（绿色碧玺） 夜晚祖母绿（橄榄石） 兰妮祖母绿（拼合石） 马斯科特祖母绿（拼合石） 东方祖母绿（绿色蓝宝石） 苏达祖母绿（拼合石）
玉石	
Ax 石（软玉） 加利福尼亚玉（翡翠和软玉） 绿石（软玉，新西兰） 帝王玉（优质高绿色翡翠） 玉：翡翠和软玉肾石（软玉） 毛利石（软玉，新西兰） 菠菜绿玉（软玉）	非洲玉（绿色水钙铝榴石） 澳大利亚玉（一般指绿玉髓，但国外有些人则指产于澳大利亚昆士兰州的磷铝石） 科罗拉多玉（天河石） 福建玉（滑石） 河南玉（滑石） 印度玉（砂金石英） 韩国玉［蛇纹玉（蛇纹石）］ 墨西哥玉（染色方解石） 新山玉［蛇纹玉（蛇纹石）］ 俄勒冈玉［深绿色碧玉（石英）］ 苏州玉（蛇纹石或滑石） 瑞士玉［染色碧玉（石英）］ 弗吉尼亚玉（天河石）

续表

描述性名称	误导性名称
欧泊	
安达穆卡欧泊（一种产自澳大利亚安达穆卡的欧泊） 黑欧泊（一种稀少的有深色体色的欧泊） 砾背欧泊（带有围岩的欧泊） 火欧泊（有强烈的红色及橙色体色的欧泊，大多产于墨西哥） 彩纹欧泊（非常珍贵的具有变彩斑块的欧泊） 冻胶状欧泊（一种透明的具有冻胶状外观的欧泊）	吉尔森欧泊（合成欧泊） 日本欧泊（塑料仿品） 斯洛克姆石（玻璃仿制品）
红宝石	
非洲红宝石（非洲） 缅甸红宝石（缅甸；收藏家认为这是最好，也是人们最希望得到的红宝石；稀少昂贵） 斯里兰卡红宝石（产自斯里兰卡） 泰国红宝石（泰国）	贵榴石红宝石（石榴石） 澳大利亚红宝石（石榴石） 巴拉斯红宝石（尖晶石） 波希米亚红宝石（石榴石） 开普红宝石（石榴石） 查塔姆红宝石（合成红宝石） 拉莫拉红宝石（合成红宝石） 红宝尖晶石（尖晶石） 西伯利亚红宝石（碧玺）

续表

描述性名称	误导性名称
蓝宝石	
澳大利亚蓝宝石（澳大利亚） 缅甸蓝宝石（缅甸；优质、稀少、昂贵的蓝宝石） 斯里兰卡蓝宝石（斯里兰卡；与缅甸蓝宝石相比颜色较浅；同样优质、稀少、昂贵） 克什米尔蓝宝石（克什米尔；优质的克什米尔蓝宝石被收藏家认为是最好的蓝宝石；稀少，昂贵） 蒙大拿或约戈蓝宝石（蒙大拿） 东方蓝宝石（用来代表真正的蓝宝石的旧术语） 泰国蓝宝石（泰国）	巴西蓝宝石（蓝色碧玺；巴西也出产蓝宝石，但仅简称为蓝宝石） 查塔姆蓝宝石（合成蓝宝石） 勒克斯蓝宝石（堇青石） 水蓝宝石（堇青石）
托帕石	
帝王托帕石（通常为优质的杏橙色）	马德拉托帕石（黄晶）* 西方托帕石（黄晶） 帕尔梅拉托帕石（黄晶） 里约托帕石（黄晶） 萨弗朗托帕石（黄晶） 苏格兰托帕石（黄晶） 烟托帕石（烟晶） 西班牙托帕石（黄晶）

* 今天市场上大部分黄晶都是由紫色石英（紫晶）经过热处理得到的。热处理过程中可以产生黄色、棕黄色或金黄色。

其他可能见到的名称

名称	本质
天蓝色蓝宝石	浅蓝色合成尖晶石
加利福尼亚月光石	玉髓
加利福尼亚绿松石	磷铝石
Chortanite	仿坦桑石（钇铝榴石）
Cortanite	仿坦桑石（钇铝榴石）
埃斯梅拉达	绿色碧玺
镁橄榄石	仿坦桑石
德国青金石	染色蓝碧玉（石英）
砂金玻璃	在人造玻璃中加入铜晶体
帝王玉	优质的绿色东陵石
日本紫晶	合成紫晶
晕彩黄玉	经过部分化学覆膜处理产生晕彩效应的托帕石（在自然界中没有见到这样的托帕石）
东方金绿宝石	黄绿色蓝宝石
东方托帕石	黄色蓝宝石
玫瑰锆石	合成粉色尖晶石
南海猫眼石	贝类动物的壳盖
瑞士青金石	染色蓝碧玉（石英质）
塔瓦利特托帕石	立方氧化锆，或是在整个晶体表面进行化学处理以产生晕彩效应（在自然界中没有见到过）
沙弗莱石	仿沙弗莱石（合成刚玉）

第 7 章　彩色宝石证书

世界范围内还没有一个公认的彩色宝石分级体系，因此在彩色宝石的证书或分级报告上提供的信息略有不同。和使用准确、通用的标准来描述钻石质量的钻石报告相比，彩色宝石的报告有更多的限制。尽管如此，彩色宝石的报告也是很重要的。

现在新型合成宝石的出现、新的宝石材料的发现和越来越多的优化处理方法，使得我们需要提供鉴定宝石种类、真伪（是否为合成品）、天然还是经过优化处理（如果经过处理，需注明处理的方法和程度等信息）的报告。

在今天，如果你打算购买昂贵的彩色宝石，特别是那些较大或质量特别好又很稀少的宝石的时候，建议你购买附有权威实验室（见附录）出具报告的宝石，或者根据能否出具报告而决定购买宝石。被广泛认可的出具彩色宝石报告的实验室有：美国的美国宝石实验室（AGL）、美国宝石贸易协会（AGTA）宝石测试中心、美国宝石学院（GIA）；比利时的钻石高阶议会（Hoge Raad voor Diamant，HRD）；日本的全日本宝石学协会（the Gemological Association of All Japan, GAAJ）；列支敦士登的宝石实验室（Gemlab Laboratory for Gemstone Analysis and Reports，Gemlab）；瑞士的古宝琳宝石实验室（Gübelin Gem Lab）和瑞士宝石学研究所（the Swiss Gemological Institute，SSEF）；泰国的亚洲宝石学院（the Asian Institute of Gemological Science，AIGS）和泰国宝石首饰学院（the Gem and Jewelry Institute of Thailand，GIT）；英国的英国宝石协会（Gem-A）和英国宝石检测实验室（Gem Testing Laboratory of Great Britain）。

最后，宝石报告应该提供鉴定宝石和证明宝石是天然还是合成的信息，同样可以要求出具《分级报告》。《分级报告》在鉴定的基础上，还提供宝石的详细描述，包括颜色、净度、光泽的级别和其他重要特征。要记住的是，没有一个通用的彩色宝石分级体系，每个实验室用的都是自己的分级标准。尽管如此，实验室出具的报告也会提供与宝石质量相关的重要信息。这些信息对消费者在进行投保时是非常有用的，而且在购买时也便于对宝石做比较。根据宝石学家在测试宝石时得到的信息，一些实验室在需要的时候能够确定宝石的产地：AGL、AGTA宝石测试中心、GAAJ、Gemlab和古宝琳宝石实验室在条件允许的情况下能够确定宝石产地；GIA仅能确定一定数量的宝石的产地。

发现宝石是否经过处理是必要的。如果宝石经过处理，处理的程度会影响宝石的价值、耐久性和外观。此外，了解处理的方法是不是永久性的、是否需要特殊护理都是非常重要的。无论什么类型的报告，都应该包括处理的相关信息。不包括处理信息的“质量”或“产地”的报告不具备任何说服力。

在过去几年中我们陆续见到了“处理”或“优化”报告。这些报告证明了宝石的类型和真伪，也包括和处理相关的重要信息，如宝石的颜色和净度是否经过优化。此外，像 AGL 这样的实验室还提供优化处理的程度——比如轻微、中等、严重或者类似这样的描述。在发现经过热处理后，SSEF 还会标明“残余物的数量”，比如玻璃体残余物通常是因热处理产生的。然而，一些实验室，例如 GIA，通常不会注明处理的程度（“轻微”“中等”“严重”）。在祖母绿的报告中也不会提供处理的程度，只有在宝石详细报告中才会提供。理解其中的区别很重要，而且要求出具《祖母绿详细报告》以得到宝石详细的处理信息，对确定你所购买的宝石的质量是非常必要的。在一些情况下，如果有足够的宝石学相关数据，报告中就可以注明处理的种类和程度，但有时在很多实验室不具备非常精密的设备的情况下就不能得到这些数据。通常情况下，在没有宝石详细的质量报告的情况下，AGL、AIGS、Gemlab、GIT 和 SSEF 出具的“优化”报告就足以指导买卖了。这些实验室提供的所有报告都包括宝石处理的程度，因此你通过观察就能得到所需要的其他信息——特别是当你已经有了足够的观察和比较宝石的经验。

彩色宝石报告的收费根据宝石的种类、所需报告的种类，进行结论性测试所需的时间、技术和宝石设备而定。大概的估价通常可以通过向实验室致电得到。当你考虑购买一颗附有报告的彩色宝石时，要记住报告有很多种类型。同样需要记住的是：报告上提供的信息的可靠性和进行评估的宝石学家的专业水平相关，所以一定要确定这份报告是由权威实验室出具的。一旦有任何怀疑，你就要向附录中列举的其中一家实验室咨询是否熟悉你存有疑问的这家实验室。接下来，问问你自己这份报告告诉了你什么信息——只证明了宝石的类型和真假吗？如果是这样，请记住质量决定价值这句话——一颗真的 1 克拉红宝石、蓝宝石或者祖母绿，根据其质量的不同，售价范围从 10 美元到 10000 美元甚至更多。一颗宝石是真的并不代表这颗宝石就一定有价值。

花时间去多看看宝石，多问问题，多比较。通过这种方式你就可以拥有一双识宝的慧眼，并且能理解影响宝石质量级别、美丽和价值的区别。

由 AGTA 出具的报告具有权威性，现在也在流通中，但是 AGTA 实验室在 2009 年关闭了。旧的报告上的信息无法再进行验证，因此你可能需要再出具一份新的报告。

Gem-A 现在只提供教育课程和举行会议，其宝石测试实验室不再提供鉴定服务，但是旧的报告上的信息仍可以进行验证。

美国宝石实验室彩色宝石报告的样品，上面提供了鉴定结果、宝石质量的详细描述、产地和没有任何明显处理迹象的相关信息。

Gemmological Association of All Japan GAAJ-ZENHOKYO

Emerald Identification Report

Report No.	ZR000000
Date	1, January 2009
Weight	8.000 ct
Measurement	12.50 × 11.50 × 8.55 mm
Shape	Octagonal
Cutting Style	Emerald cut
Colour	Green
Transparency	Transparent

Size of the stone may differ from its photo image

SPECIMEN

CONCLUSION

Species	NATURAL BERYL
Variety	EMERALD
Comments	Indications of minor clarity modification (F1)*

Origin	Colombia

Special notes

- Treatment identification is obtained based on the current knowledge at the time of examination. Results given for the same gemstone may lead to different results with continuing research.
- Conclusion of as to the Geographic Origin is regarded as the professional opinion of the laboratory only. The Origin result is drawn from comparisons of internal features, physical and chemical data with specimens from known localities, continuous to-date scientific research and reference information.

※ This report has been prepared in accordance with the standardised language and criteria set out by the Laboratory Manual Harmonization Committee (LMHC) see table. All rights jointly reserved by:
AGTA-Gemological Testing Center, CISGEM S.p.A. Laboratory, GAAJ-ZENHOKYO Laboratory, GIA Laboratory, GIT-Gem Testing Laboratory, Gubelin Gem Lab Ltd., SSEF Swiss Gemmological Institute.

Status	No fissures present in stone	No or insignificant filler in fissures	Quantification and identification of filler in fissures		
Alpha numeric			F1	F2	F3
Text	None	No / Insignificant indications of clarity modification	Indications of minor clarity modification	Indications of moderate clarity modification	Indications of significant clarity modification
		Condition	Quantification and identification of filler in fracture(s) / cavity(ies)		
		Alpha numeric	C1	C2	C3
		Text	Minor amount of Resin / wax in cavities	Moderate amount of Resin / wax in cavities	Significant amount of Resin / wax in cavities

This report is designed for countries outside Japan. The wording used in English in this report may differ from the wording used in Japanese in reports issued in Japan by the GAAJ-ZENHOKYO Laboratory. For reports designed for the Japanese market, please use GAAJ-ZENHOKYO standard reports that apply to the wording set by JJA/AGL.

IMPORTANT LIMITATIONS ON THE REVERSE

Gemmological Association of All Japan Co.,Ltd.

8F Daiwa-Ueno Bldg., 5-25-11 Ueno, Taito-ku, Tokyo 110-0005, Japan
TEL: +81-3-3835-2466 / FAX: +81-3-3839-0798 / www.gaaj-zenhokyo.co.jp

全日本宝石学协会报告样品，提供了鉴定结果、处理信息和产地。

GIA
GEMOLOGICAL INSTITUTE OF AMERICA®

5355 Armada Drive | Carlsbad, CA 92008-4602
T: 760-603-4500 | F: 760-603-1814
GIA Laboratories
Bangkok Carlsbad Gaborone
Johannesburg Mumbai New York
www.gia.edu

GIA REPORT 1106513175

RUBY ORIGIN REPORT

January 12, 2009

Weight	7.80 carat
Measurements	13.25 x 9.85 x 6.35 mm
Shape	Oval
Cutting Style: Crown	Brilliant Cut
Cutting Style: Pavilion	Step Cut
Transparency	Translucent
Color	Purplish Red

CONCLUSION

Species	NATURAL CORUNDUM
Variety	NATURAL RUBY
Source Type	CMT Type I
Geographic Origin	KENYA

TREATMENT
No indications of heating (NTE).

Comments:
*SAMPLE *SAMPLE *SAMPLE *SAMPLE
Any statement on geographic origin is an expert opinion based on a collection of observations and analytical data.

Image is Approximate

1106513175

No Indications of Heating	Indications of Heating (no residue)	Indications of Heating with Residue in Fissures				
NTE	TE	TE1	TE2	TE3	TE4	TE5
No indications of Heating	Indications of Heating	Minor Residue in Fissures		Moderate Residue in Fissures		Significant Residue in Fissures

210100759428

This Report is not a guarantee, valuation or appraisal and contains only the characteristics of the article described herein after it has been graded, tested, examined and analyzed by the laboratory providing this Report ("GIA") and/or has been inscribed using the techniques and equipment used by GIA at the time of the examination and/or inscription. Inscriptions reported in this document are not a guarantee, validation, or warranty of an article's quality, country of origin or source, or that the article will be identifiable by the inscription in the future (since inscriptions can be removed). GIA makes no representation concerning any trademark, word, or symbol which is inscribed by GIA or which is identified on this Report. The recipient of this Report may wish to consult a credentialed jeweler or gemologist about the information contained herein.

IMPORTANT LIMITATIONS ON BACK

美国宝石学院的报告样品，提供了宝石的鉴定结果、产地、地质成因，并指出这颗宝石没有经过任何优化处理的迹象。在报告下方解释了优化处理符号的含义。

GÜBELIN
GEM LAB

EDELSTEIN-BERICHT · RAPPORT DE PIERRE PRECIEUSE
GEMSTONE REPORT

No.	**SPECIMEN**
Datum · Date	
Gegenstand · Objet · Item	One faceted gemstone
Gewicht · Poids · Weight	**15.25 ct**
Schliff · Taille · Cut	
Form · Forme · Shape	cushion-shape
Stil · Style · Style	brilliant cut / step cut
Abmessungen · Dimensions · Measurements	17.09 x 14.06 x 7.28 mm
Transparenz · Transparence · Transparency	transparent
Farbe · Couleur · Colour	**blue**

IDENTIFIKATION · IDENTIFICATION

Spezies · Espèce · Species

NATURAL CORUNDUM

Varietät · Variété · Variety

SAPPHIRE

Gemmological testing revealed characteristics consistent with those of sapphires originating from:

Burma (Myanmar)

Bemerkungen · Commentaires · Comments

No indications of thermal enhancement (NTE).

Sapphires which have not been enhanced by heat are scarce.

GEMMOLOGISCHES LABOR · LABORATOIRE GEMMOLOGIQUE · GEMMOLOGICAL LABORATORY
Maihofstrasse 102 · 6006 Lucerne · Switzerland · Tel. (41) 41 - 429 17 17 · Fax (41) 41 - 429 17 34
www.gubelinlab.com · info@gubelingemlab.ch

Dr. D. Schwarz, Dipl.-Min   C. Dunaigre, A.G., DUG

Wichtige Anmerkungen und Einschränkungen auf der Rückseite · Remarques au verso · Important notes and limitations on the reverse.
Copyright © 2003 Gübelin Gem Lab Ltd.

古宝琳宝石实验室报告样品，提供了鉴定结果，并证实宝石的颜色并不是通过热处理改善得到的。

SCHWEIZERISCHES GEMMOLOGISCHES INSTITUT
INSTITUT SUISSE DE GEMMOLOGIE
SWISS GEMMOLOGICAL INSTITUTE

SSEF

Falknerstrasse 9
CH-4001 **Basel** / Switzerland

Telephone +41 061 262 0640
Telefax +41 061 262 0641
e-mail gemlab@ssef.ch
homepage www.ssef.ch

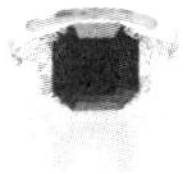

TEST REPORT No. XXXX

on the authenticity of the following gemstone,
mounted in a ring with diamonds

Shape & Cut:	octagonal, step cut
Total weight:	approximately 8.5 grams (including mounting and diamonds)
Measurements:	approximately 8.95 x 7.65 x 9.65 mm
Calculated weight:	approximately 2.9 ct
Colour:	green of medium strong saturation
Identification:	E M E R A L D (variety of natural beryl)
Comments:	The analysed properties confirm the authenticity of this transparent emerald. Indications of clarity modification. Moderate amount of oil in fissures. Origin: Colombia

Correspondence table for filler quantification

Text	Minor amount of filler in fissures	Moderate amount of filler in fissures	Significant amount of filler in fissures	Filler in cavities		
Alphanumeric system	F1	F2	F3	C1	C2	C3

Important note: The conclusions on this Test Report reflect our findings at the time it is issued. A gemstone can be modified and / or enhanced at any time. Therefore, the SSEF can reconfirm at any time that the stone is in accordance with the Test Report.

Please see comments on reverse side.

SSEF - SWISS GEMMOLOGICAL INSTITUTE
Gemstone Testing Division

SSEF www.prooftag.com ref. J00B00A 539463

Basel, 28 August 2009 cy

P. Lefèvre, MSc, DUG

Dr. M.S. Krzemnicki, FGA

瑞士宝石研究所彩色宝石报告样品，提供了鉴定结果、处理信息、产地，并解释了优化处理符号的含义。

The Gem and Jewelry Institute of Thailand (Public Organization)

The Gemological Testing Laboratory of GIT is the official CIBJO registered laboratory for Thailand

GEM IDENTIFICATION REPORT

Report No.:	SAMPLE	Date:	25th December 2009
Sample Type:	**1 cut stone**	Weight:	**8.92 ct**
Cut:	**Brilliant/Step**	Dimensions:	**13.11 x 11.78 x 6.91 mm**
Shape:	**Oval**	Colour:	**Red**

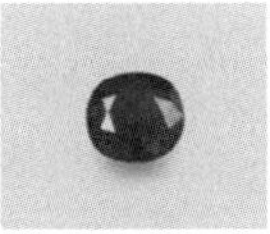

Magnification 1x

IDENTIFICATION RESULT

Species: **NATURAL CORUNDUM**

Variety: **RUBY**

Comment(s): **Indications of heating with significant residue in fissures.**

Remark(s): Natural rubies and sapphires are commonly enhanced by heat to improve their colour and/or clarity, the results of which are stable and permanent.

Instruments Used for Identification

[x] Refractometer	[x] Polariscope	[x] SG Balance	[x] Microscope
[ ] Visual Spect.	[x] LW/SW UV Lamp	[ ] UV/VIS/NIR Spect.	[x] FTIR Spect.
[x] EDXRF	[ ] Laser Raman Spect.	[x] X-Radiography	[ ] LIBS
[ ] Diamond Tester	[ ] Cathode Lumin.	[x] Others	

Please see the back side for additional information

The original report with signatures and the grand palace hologram is the only valid identification document.

Thanong Leelawatanasuk
M.Sc. (Geology), Graduate Gemologist (GIA)

Monruedee Thawornmongkolkij
B.Sc. (Gemology), FGA, CDG (HRD)

The Gem and Jewelry Institute of Thailand (Public Organization)
GIT is the National Institute for Testing, Research and Development of Gem and Jewelry
Gemological Research and Testing Building,
Located at the Faculty of Science, Chulalongkorn University, Phyathai Road, Pathumwan, Bangkok 10330, Thailand
Tel: (662) 218 5470-4, Fax: (662) 218 5474 Email: jewelry@git.or.th http://www.git.or.th

泰国宝石首饰学院的报告样品，提供了鉴定结果、处理信息和测试宝石时借助仪器观察到的细节。

GEMLAB

LABORATORY FOR GEMSTONE AND PEARL ANALYSIS AND REPORTS

Administration: Landstrasse 75, FL-9491 Ruggell (Liechtenstein)
Laboratory: Gewerbestrasse 3, FL-9496 Balzers (Liechtenstein)

Gemstone Report No. 2000/10

Varietät / Spezies / Gruppe Variety / Species / Group	Natural Ruby/Corundum, filled with lead glass; composite material
Schliff Cut	Rectangular emerald cut
Messwerte und Gewicht Measurements and weight	11.22 x 9.68 x 5.93 mm, 6.84 ct
Farbe Colour	Very slightly brownish (saturation), dark (tone), purplish red (hue)
Behandlungen Treatments	Fractures and cavities of this ruby are filled by lead glass; indications of heat treatment. The volumetric content of glass is roughly estimated to be near 15 to 20 %, and therefore the sample has been described as a "composite" material
Ursprungsland Country of origin	Not determined

Analyse Details
Analysis details:

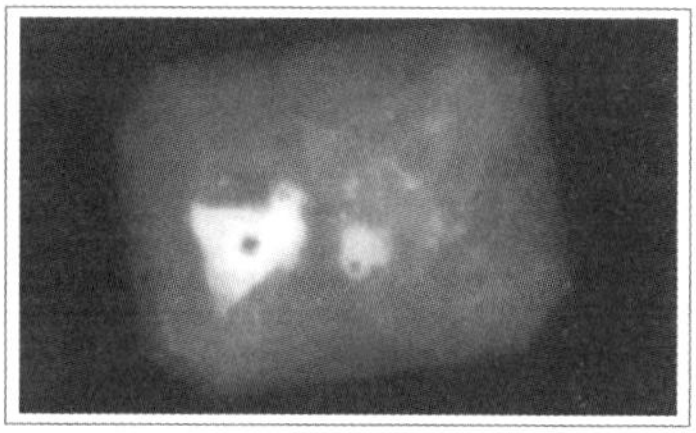

Explanation of the image: The X-ray image above visualizes the distinct quantities of lead glass (lighter zones) in the corundum (darker zones). The X-ray images led - In combination with further analysis methods - to the conclusions in this gemstone report.

Erklärung des Bildes: Das abgebildete Röntgenbild macht die deutlichen Anteile an Bleiglas (hellere Zonen) in dem Korund (dunklere Zonen) sichtbar. Die Röntgenbilder führten - in Kombination mit weiteren Analysemethoden - zu den Schlussfolgerungen in diesem Edelstein Gutachten.

Balzers, am 12.02.2010

Für die Richtigkeit des Gutachtens:
For the correctness of this report:

Thomas Hainschwang, DUG, GG, FGA, Experte SGG

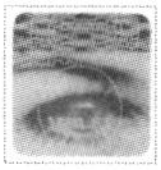

Administration +423 3732464 Laboratory +423 2622464 +423 3732243 www.gemlab.net gemlab@gemlab.net VAT Nr. 54087

列支敦士登宝石实验室报告样品，提供了鉴定结果、非常清晰的处理和宝石耐久性的相关信息。

Erklärung der verwendeten Terminologie für den GEOLOGISCHEN KONTEXT von Korund/Explanation of the used terminology for the GEOLOGICAL CONTEXT of corundum:*

RUBIN/RUBY **Metamorph/Metamorphic**

Typ/Type	Wichtige Vorkommen/Important Sources	Typische Einschlüsse/Typical inclusions
Metamorphic A	Mogok (Myanmar), Vietnam, Sri Lanka, Madagaskar (Zazafotsy, Andilamena, Vatomandry, Ilakaka), Nepal	Kurze bis lange feine Rutilnadeln, rundliche Kristalle (Calcit, Apatit oder Zirkon), Boehmit Nadeln / Short to long fine rutile needles, rounded crystals (calcite, apatite, or zircon), boehmite needles
Metamorphic B	Vietnam, Sri Lanka, Nepal, (Malawi), Afghanistan (Jegdalek)	Oft bläulich erscheinende (Tyndall Effekt) Trübungen bestehend aus winzigen, submikroskopischen Partikeln / Often bluish appearing (Tyndall effect) clouds of tiny submicroscopical Particles
Metamorphic C	Mong Hsu (Myanmar), Vietnam, Afghanistan (Jegdalek)	Pinselstrich-, Streifen- und Schnurartige aus winzigen Partikeln bestehende Trübungen / Brush-, stripe- and cord-like clouds consisting of tiny particles
Metamorphic D	Tanzania (Kalalani, Umba, Songea)	Boehmit Nadeln und punktförmige Entmischungen, punktförmige Rutil-Entmischungen, kurzprismatische Rutilkristalle / Boehmite needles and pinpoint-like exsolutions, pinpoint fine rutile exsolutions, short prismatic Rutile crystals
Metamorphic XY	Nicht bestimmbar / Not determineable	Keine typischen Einschlüsse vorhanden / No typical inclusions present

RUBIN/RUBY **Magmatisch/Magmatic**

Typ/Type	Wichtige Vorkommen/Important Sources	Typische Einschlüsse/Typical inclusions
Magmatic	Thailand, Kambodia	Fluide Filme - oft irisierend, Boehmit Nadeln an Zwillingslamellen, gerundete z.T. glasige Mineraleinschlüsse umgeben von Fahnen / Fluid thin films - often iridescent, Boehmite needles on twinning planes, rounded sometimes glassy mineral inclusions surrounded by healed fractures

BLAUER SAFIR/BLUE SAPPHIRE **Metamorph/Metamorphic**

Typ/Type	Wichtige Vorkommen/Important Sources	Typische Einschlüsse/Typical inclusions
Metamorphic A	Mogok, Sri Lanka, Madagaskar (Ilakaka)	Kurze bis lange feine Rutilnadeln, rundliche Kristalle (Calcit, Apatit oder Zirkon), Boehmit Nadeln / Short to long fine rutile needles, rounded crystals (calcite, apatite, or zircon), boehmite needles
Metamorphic B	Kashmir, Madagaskar (Andranondambo)	Schleier und Trübungen aus feinsten Partikeln, nicht als Nadeln definierbar / Clouds consisting of finest particles not being definable as needles
Metamorphic C	Kashmir, Madagaskar (Andranondambo)	Pinselstrich-, Streifen- und Schnurartige aus winzigen Partikeln bestehende Trübungen / Brush-, stripe- and cord-like clouds consisting of tiny particles
Metamorphic D	Tanzania (Umba, Tunduru)	Boehmit Nadeln und punktförmige Entmischungen, punktförmige Rutil-Entmischungen, kurzprismatische Rutilkristalle / Boehmite needles and pinpoint like exsolutions, pinpoint-like rutile exsolutions, short prismatic Rutile crystals
Metamorphic XY	Nicht bestimmbar / Not determineable	Keine typischen Einschlüsse vorhanden / No typical inclusions present

BLAUER SAFIR/BLUE SAPPHIRE **Magmatisch/Magmatic**

Typ/Type	Wichtige Vorkommen/Important Sources	Typische Einschlüsse/Typical inclusions
Magmatic	Thailand, Australien, Kambodia, China, Kenya, Laos, Nigeria, Madagaskar (Ambondromifehy, Diego Suarez), Vietnam, Rwanda	Feinkörnige Trübungen (Partikelgröße generell submikroskopisch), feine Rutilnadeln, Pinselstrich-, Streifen- und Schnurartige aus winzigen Partikeln bestehende Trübungen / Fine-grained clouds (grain size generally submicroscopic), fine rutile needles, brush-, stripe- and cord-like clouds consisting of tiny particles

***Modified System, based on the „Source Type Classification" system by C.P. Smith et al. (2006) / Modifiziertes System, abgeleitet vom „Source Type Classification" System von C.P. Smith et al. (2006)**

EINSCHRÄNKUNGEN ZUR GÜLTIGKEIT DES GUTACHTENS: Nur das komplette Original des gemmologischen Gutachtens, versehen mit Unterschrift(en) von einem oder zwei Repräsentanten von Gemlab kann als authentisch angesehen werden. Die Schlussfolgerungen des Laboratoriums beschreiben den Zustand und die Natur der Proben zur Zeit der Expertise. Jegliche mögliche darauf folgende Modifikation der Steine, durch Behandlung oder sonstigem Prozess, kann nicht in Betracht gezogen werden. Die von Gemlab formulierten Schlussfolgerungen basieren auf Techniken und gemmologischen Kenntnissen, welche zum Zeitpunkt der Analyse aufgrund erhältlicher Fachpublikationen generelle Akzeptanz erhalten haben. Diese Schlussfolgerungen können in keiner Art und Weise jegliche zukünftige Evolution dieser Kenntnisse berücksichtigen. Daraus folgt, dass Gemlab keinerlei Verantwortung für eine mögliche Ungültigmachung seiner Schlussfolgerungen aufgrund von Entwicklungen neuer Techniken oder der Evolution von Kenntnissen übernehmen kann. Gemlab übernimmt ausdrücklich keinerlei Verantwortung für Schäden welche aufgrund einer Analyse verursacht werden oder daraus entstehen, ausser im Falle eines ernsthaften Fehlers oder von Nachlässigkeit. Wir beschreiben alle Behandlungen, welche wir innerhalb des Rahmens unserer analytischen Methodologie aufdecken können. Die Vervielfältigung von oder der Handel mit jeglichem vom Gemlab Laboratorium verfassten Dokument ist strengstens untersagt. Einsprüche oder Streit bezüglich eines Dokuments oder einer Dienstleistung des Gemlab Laboratoriums fallen in den Rechtsstand des Fürstentums Liechtenstein.

NOTIZEN ZU BEHANDLUNGEN: Natürliche Korunde werden im Allgemeinen thermisch behandelt. Durch Hoch-Temperatur Erhitzen unter Zugabe von Borax oder ähnlichen Substanzen werden oftmals Risse und Vertiefungen mit Glasartiger Substanz aufgefüllt und Korund zu Rekristallisierung angeregt. Korunde mit Verdacht auf Beryllium-Behandlung werden von uns z. T. nicht zertifiziert. Natürliche Smaragde werden im Allgemeinen mit Öl oder mit auch mit Kunstharz reinheitsbehandelt. Diese Behandlung ist oft nicht sehr stabil und Steine müssen mit Vorsicht behandelt werden.

NOTIZEN ZU GEOLOGISCHEM KONTEXT / URSPRUNGSLAND: Diese Information kann für Korunde und für Smaragd bestimmt werden. Der geologische Kontext lässt sich in praktisch allen Fällen bestimmen, da er sich in den Einschlüssen und der Chemie der Steine widerspiegelt. Die Vielzahl an Vorkommen und deren ähnliche Geologische Gegebenheiten, vor allem von Korund, lassen heute eine sichere Bestimmung des Ursprungslandes oftmals nicht mehr zu. Das Ursprungsland wird daher nur angegeben, wenn die Eigenschaften ganz klar nur auf ein bestimmtes Vorkommen hinweisen.

RESTRICTIONS TO THE VALIDITY OF THE REPORT: Only the original complete report of gemmological analysis bearing the signature(s) of one or two members of Gemlab shall be deemed authentic. The laboratory's conclusions render an account of the nature of the material at the time of the expert evaluation. They do not take into account any possible subsequent modifications of the material, due to treatment or otherwise. The conclusions formulated by Gemlab are based on techniques and gemmological knowledge accepted in the available specialised publications, at a given time. These conclusions cannot in any way take into consideration any evolution of this knowledge. Consequently, the possible invalidation of the conclusions formulated by Gemlab as a result of the development of these techniques or advancement of knowledge does not in any way entail the responsibility of the laboratory. Gemlab expressly declines responsibility for damage caused in connection with expert evaluations or ensuing from the use of them, except in the case of grave error or negligence. We report all treatments, which we have been able to reveal within the framework of our analytical methodology. The reproduction or commerce of any document issued by Gemlab is strictly forbidden. Any objection or dispute relating to Gemlab documents or services fall within the sole competence of the courts of the Principality of Liechtenstein.

NOTES CONCERNING TREATMENTS: Natural corundum is commonly heat treated. High temperature heat treatment with addition of Borax or similar substances will lead to a filling of fractures and cavities with glass- like substances and to the re-crystallisation of corundum. Corundum suspected of being beryllium treatment is in some cases not certified by us. Natural emeralds are commonly clarity treated by oils or resins; this treatment is often not very stable and stones need to be treated with care.

NOTES CONCERNING GEOLOGICAL CONTEXT / COUNTRY OF ORIGIN: This information can only be determined for corundum and emerald. The geological context can be determined in practically all cases, since it is reflected within the inclusions and chemistry. The multitude of deposits and their often similar geological context, especially of corundum, are responsible that the unambiguous determination of country of origin is frequently not possible today. Therefore the country of origin is only indicated when all properties point towards one deposit only.

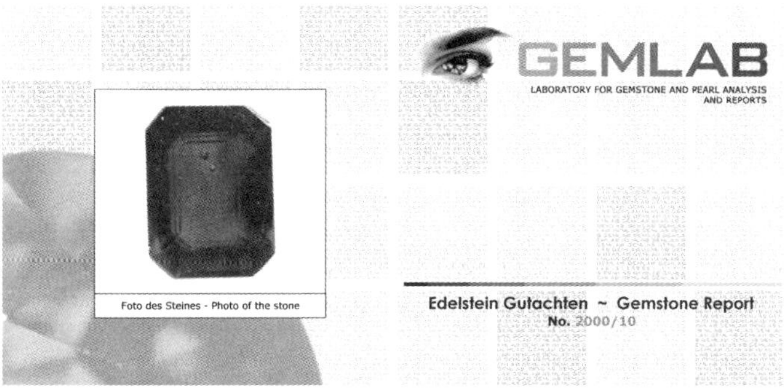

列支敦士登宝石实验室报告的反面提供了常用的处理评价和关于宝石产地的重要说明，以及得到宝石产地信息的困难之处。注明了列支敦士登宝石实验室与宝石产地相关的政策。

AIGS

GF

ASIAN INSTITUTE OF GEMOLOGICAL SCIENCES

919/1 Silom Rd, Jewelry Trade Center, 6th Fl, Bangkok 10500 Thailand
Tel : 662-267-4325-7 Fax : 662-267-4327
E-mail : info@aigslaboratory.com

Gemstone Identification Report

16 Feb 2009

Weight	: **2.53 Carats**
Shape	: Oval
Cut	: Faceted
Measurements	: 8.78 x 6.57 x 5.12 mm
Color	: Red
Mounted	: No
Probable Origin	: Myanmar (Burma)
Result(s)	: **Natural Ruby**
Comment(s)	: No indication of heat process.

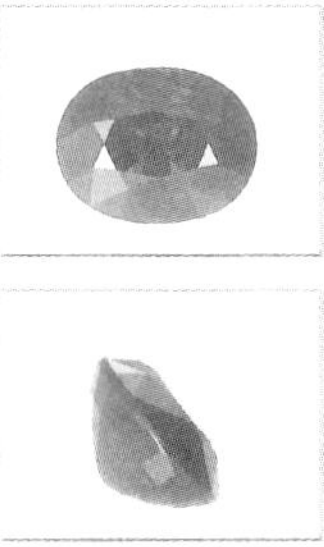

Photographs of item(s) tested - not actual size

Unless otherwise indicated, the item(s) described above has/have been examined by at least two qualified AIGS staff gemmologists and the stated result obtained. This report is limited in accordance with the agreement printed on its inside front cover, the cover being an integral part of this report.

www.aigslaboratory.com

亚洲宝石学院鉴定报告，提供了产地和处理的信息。

第8章　彩色宝石的选购

今天，当你在选购彩色宝石的时候，会发现自己被光谱色中的每一种颜色、每一种色调淹没。从如此众多的选择中挑选合适的彩色宝石是最令人兴奋的。

现在你可以找到最新发现的宝石：沙弗莱石，蓝色和绿色的坦桑石（严格说，绿色品种应该叫作绿色黝帘石，蓝色的品种才是我们今天所知的坦桑石），产自巴西帕拉伊巴的霓虹色碧玺（也被称为“Hetorita”，以发现者的名字命名，以过去从未被发现的独特颜色而著称）。甚至可以找到具有丰富颜色的天然钻石，其中的一些可以达到彩钻的标准（见《钻石》第三版，北京：中国友谊出版公司，2024）。

无论你偏爱哪种颜色，无论你的预算是多少，总有闪耀的天然宝石等待你来发现。如果你喜欢祖母绿的颜色，但又支付不起一颗优质祖母绿的价钱，你可以选择沙弗莱石、绿色碧玺、铬透辉石，或者一颗绿色黝帘石；如果你喜欢红宝石的红色，但又负担不起红宝石的价钱，你就可以选择红色尖晶石、红色碧玺，或者红色石榴石；如果你偏爱蓝色，你的选择中就可以包括蓝色尖晶石、堇青石、蓝色碧玺和坦桑石。这些宝石不过是众多选择中的冰山一角。

在开始选购宝石之前，请记住，因为有这么多相似颜色的宝石，我们发生鉴定失误的风险也就随之增大了，而只依靠颜色来区分相似宝石是出现失误的主要原因。不幸的是，大多数人始终没有意识到宝石颜色的相似性，甚至职业买手也会被颜色误导，出现失误。越来越多的相对廉价的宝石和昂贵的宝石混在一起，被当作同样的宝石进行销售。这些相对廉价的宝石就会被那些没有防备的制造商、设计师、珠宝商收购，并最终流通到顾客手中。所以，当我们购买彩色宝石时要向专业且有声誉的宝石商咨询，并证实这些昂贵宝石具有权威宝石检测机构的鉴定证书。下面依据颜色分类，列举一些最受欢迎的宝石；优化处理对宝石价格影响的列表；通常不会经过优化处理的宝石列表；价格、光泽、耐久性和实用性对比列表。表中所提及的宝石将会在第二部分第 9 章分别介绍。

具有相似颜色的彩色宝石

颜色系列	常见宝石名称	宝石家族
红色——从红色到粉红色	红柱石——粉色至红棕色	红柱石
	钻石★——各种色调的红色和粉红色	钻石
	石榴石——多种具红色的种类	石榴石
	铁铝榴石——紫色至纯红色	
	马里榴石——红棕色至红橙色	
	镁铝榴石——红棕色至红色	
	铁镁铝榴石——红色至紫色	
	紫锂辉石——浅蓝或淡紫粉色	锂辉石
	摩根石（铯绿柱石，以下称为摩根石）——粉色至橙粉色	绿柱石
	粉色蓝宝石——粉红色	刚玉
	红色“祖母绿”——红色	绿柱石
	芙蓉石——粉红色	石英
	红色碧玺——红色至紫红色，粉色	电气石
	红宝石——红色至橙红色	刚玉
	方柱石——浅红色	方柱石
	尖晶石——红色至红棕色和粉色	尖晶石
	日光石——亮红色至橙红色	长石
	锆石——棕红色至深，暗红色	锆石
	水铝石——白炽灯：浅粉色至深	硬水铝石

续表

颜色系列	常见宝石名称	宝石家族
橙色	钻石*——各种色调，包括黄橙色至棕橙色	钻石
	石榴石——橙色的类型	石榴石
	钙铝榴石——橙棕色至棕橙色	
	马里榴石——橙红色至橙棕色	
	锰铝榴石——橙色至红橙色至棕橙色	
	摩根石——浅橙色至橙粉色	绿柱石
	帕帕拉恰蓝宝石——粉橙色	刚玉
	方柱石——橙色	方柱石
	尖晶石——棕色至橙色	尖晶石
	日光石——亮橙色至橙红色	长石
	托帕石——棕橙色，黄橙色，粉橙色	托帕石
	碧玺——各种色调的橙色	电气石
	锆石——橙色至金棕色	锆石
黄色	绿柱石（金绿柱石）——金黄色	绿柱石
	金绿宝石——黄色，黄绿色，黄棕色	金绿宝石
	黄晶——黄色至黄棕色	石英
	钻石*——各种色调的黄色至查特酒色（黄色至绿色之间）	钻石
	石榴石——两个类型	石榴石
	钙铁榴石——蜜黄色至绿黄色	
	钙铝榴石——黄色至绿黄色至棕黄色	
	蓝宝石——黄色	刚玉
	方柱石——黄色	方柱石
	榍石——绿黄色至金黄色至棕色	榍石
	日光石——橙黄色，黄色，绿黄色	长石
	托帕石——棕黄色至黄色	托帕石
	碧玺——各种色调	电气石
	锆石——黄色至黄棕色	锆石

续表

颜色系列	常见宝石名称	宝石家族
绿色	亚历山大石——日光灯：蓝绿色；白炽灯：紫红色	金绿宝石
	磷灰石——绿色至蓝绿色	磷灰石
	铬透辉石——绿色至黄绿色至蓝绿色	透辉石
	钻石★——蓝绿色至黄绿色至灰绿色	钻石
	祖母绿——黄绿色至蓝绿色	绿柱石
	石榴石——两种类型	石榴石
	翠榴石——黄绿色至祖母绿色	
	沙弗莱石——黄绿色至蓝绿色	
	橄榄石——黄绿色至绿色	橄榄石
	蓝宝石——黄绿色至蓝绿色至灰绿色	刚玉
	方柱石——绿灰色	方柱石
	榍石——草绿色至黄绿色	榍石
	日光石——黄绿色，灰绿色，棕绿色	长石
	坦桑石——灰绿色至蓝绿色	黝帘石
	碧玺——多种具绿色的类型	电气石
	铬碧玺——亮绿色至浅黄绿色	
	帕拉伊巴——深至浅的绿色至蓝绿色	
	绿碧玺——各种色调的绿色	
	锆石——绿色至黄绿色至灰绿色	锆石
	水铝石——日光灯或户外日光：绿色	硬水铝石

续表

颜色系列	常见宝石名称	宝石家族
蓝色	磷灰石——蓝色至灰蓝色至绿蓝色	磷灰石
	海蓝宝石——蓝色至蓝绿色	绿柱石
	钻石★——各种色调	钻石
	堇青石——紫色至灰蓝色	堇青石
	蓝宝石——矢车菊蓝色至绿蓝色至墨水蓝	刚玉
	尖晶石——蓝色，灰蓝色，绿蓝色	尖晶石
	坦桑石——紫蓝色	黝帘石
	托帕石——蓝色至蓝绿色	托帕石
	碧玺——两种具蓝色的种类	电气石
	蓝碧玺——墨水蓝，绿蓝色	
	帕拉伊巴——深蓝色至紫蓝色至绿蓝色	
	锆石——浅蓝色	锆石
紫色	紫晶——淡紫色至紫色至红紫色至棕紫色	石英
	蓝锥矿——蓝色至紫蓝色至灰蓝色	蓝锥矿
	钻石★——各种色调	钻石
	紫锂辉石——粉紫色至红紫色	锂辉石
	摩根石——粉紫色	绿柱石
	帕拉伊巴——紫色至蓝紫色	电气石
	铁镁铝榴石——红紫色	石榴石
	蓝宝石——紫色至紫罗兰色	刚玉
	方柱石——紫蓝色，绿灰色至蓝灰色，浅紫色至紫色	方柱石
	尖晶石——灰紫色至纯紫色	尖晶石

★寻找更多彩色钻石的信息，请参见《钻石》第三版，北京：中国友谊出版公司，2024。

优化处理对宝石价格的影响

下面的表格展示了天然红宝石、蓝宝石和祖母绿，以及处理后的宝石价格调整幅度。请记住明确产地，如缅甸或者克什米尔，未经处理的蓝宝石、红宝石会有比表格更高的溢价。未经处理的极优质的稀有宝石溢价会更高。

不同优化处理方法对彩色宝石价格的影响

祖母绿	好	很好	极好
未经优化处理	不适用	50%~100%	100% 或以上
轻微优化处理	5%~20%	5%~30%	10%~50%
中度优化处理	0	0	0
深度优化处理	−10%~−30%	−10%~−30%	不适用
红宝石			
未经热处理	5%~20%	20%~40%	40%~75% 和以上
中温热处理	0	0	0
高温热处理并带有轻微玻璃充填	0~−5%	−8%~−12%	−10%~−15%
高温热处理并带有适量到广泛的玻璃体残余	0~−5%	−10%~−15%	−15%~−20%
玻璃充填处理	−10%~−50%	10%~−50%	10%~−50%
蓝宝石			
未经优化处理	5%~10%	10%~20%	20%~30% 和以上
热处理	0	0	0
注油	没有数据；通常检测不到		

数据来源：*The Guide*，*Jewelers' Circular Keystone*.

天然宝石

当我们把注意力集中在数量众多的经过优化处理的宝石的时候，就很容易忘记天然宝石的存在（没有经过任何优化处理的宝石）。在每一种宝石家族中，都会出现罕见的美丽宝石。不幸的是，正如上面展示的那样，有时我们并不能区分一颗宝石是否经过优化处理。典型的例子就是蓝色托帕石。自然界也会产出具有美丽柔和色调的蓝色托帕石。它是自然界里稀有、美丽的宝石中的一员，但是我们还没有方法去鉴定一颗托帕石的蓝色是天然的还是经辐照改色的。因此，尽管天然蓝色托帕石非常罕见珍贵，但是它的市场价格依然很低。

大多数天然的红宝石、蓝宝石、祖母绿，颜色和净度达不到人们所期待的标准（应用于优化处理宝石标准），但是我们开始看到人们对宝石质量有了更高的包容性，特别是对颜色较浅的宝石。当然，自然界也存在质量上乘的红宝石、蓝宝石、祖母绿。幸运的是，大多数情况下我们可以将天然红宝石、蓝宝石、祖母绿与经过优化处理的宝石区分开。随着天然宝石变得越来越稀少，正如在前文所看到的那样，价格可以从另一方面反映宝石的珍稀性。

还有一组宝石直到近年才被人们谈及，这些宝石通常不会进行颜色和净度处理。当你购买下表所列宝石时，其颜色通常是天然的，大多数情况下没有经过优化处理也具有晕彩效应。如果你对它们不太了解，在后面的章节我会更详细地讲述。如果你在寻找一些真正的“天然宝石”，无论你喜欢什么颜色，无论你的预算是多少，你在下表中应该都可以找到合适的宝石。如果没有你想要的东西，可以联系 AGTA 来帮助你。

通常不会经过优化处理的彩色宝石★

变石	堇青石	碧玺（铬碧玺和碧玺猫眼）
红柱石	月光石	锆石（棕色和绿色）
金绿宝石（所有颜色）	火欧泊	
绿玉髓	橄榄石	
石榴石（所有颜色）	尖晶石（所有颜色）	
赤铁矿	黝帘石（绿色）	

★从以往的经验来看，上面提到的宝石通常不会经过颜色或净度处理。但有时会在宝石表面的裂痕或孔洞中充填油、蜡或者松香。此外，在更多种类的宝石中频繁发现使用充填处理来降低宝石内部裂隙的可见性。因此，一定要记得询问宝石是否经过充填处理。

如何使用价格指南

提供价格指南有两个目的：帮助你理解具有相似颜色但不同品种的宝石定价以及在同一种类宝石中价格的跨度，方便你对宝石质量的重要性有更清晰的了解。

这个价格指南非常实用，如果你按照如下步骤，能帮助你规避一些问题。

· **决定你想要的颜色，然后列出具有这种颜色的宝石。**如果你想要祖母绿，但负担不起价钱，你可以使用指南来找到具有相似颜色的其他宝石：沙弗莱石、铬碧玺、绿色碧玺或者绿色蓝宝石等。

· **比较它们的价格，感受影响价格的相关因素。**在比较这些绿色宝石的过程中，你会发现沙弗莱石是这些宝石中最昂贵的（但是相比祖母绿，还是可以负担得起），铬碧玺次之，最便宜的是绿色蓝宝石。

· **注意宝石的可获得性。**在这个例子中，绿色蓝宝石很难找到，并不像其他宝石那样容易获得。

· **注意你感兴趣的宝石价格范围。**一种宝石的价格范围越大，影响质量变化的因素就会越多。价格变化范围大意味着必须花时间认真比较和了解这种宝石，发现不同质量之间的细微差别。

· **阅读每一种宝石的资料。**你要来了解每一种你感兴趣的宝石，从它们的历史、传说或者耐久性等方面进行了解，这会使你对它们更加感兴趣。同时，你也会知道在购买时需要特别注意的事项。

现在，你准备好了开始奇妙的寻找之旅。但是请记住，“天然”并不意味着一块石头是宝石，也不意味着“珍贵”。有些天然的红宝石、蓝宝石、祖母绿只卖到每克拉几美元，甚至其中的一些根本不能称作宝石！一颗宝石的美丽且稀少，直接关系着价值。一颗“宝石”能否达到宝石级，直接影响宝石价格。彩色宝石的价格和质量二者密切相关。请确定你已经认真读过第二部分第 4 章，在做购买决定之前了解影响宝石质量的因素。

在阅读过这些章节之后，你会知道让珠宝商向你展示什么。但是不要忘记多逛、多看、多问，直到你真的了解某一种宝石和市场。

流行宝石的价格指南

除特别指明外，指南中提及的价格指的都是刻面宝石的价格。弧面型宝石的价格通常是最低的。这里展示的都是极好的宝石价格。在很多珠宝店中销售的大规模生产的宝石一般属商业质量级别，价格可能明显低于这里所提到的价格。所以，很少有珠宝零售商出售质量极好的宝石。质量极优的稀有宝石和稀少的大颗粒宝石远超下表中的价格。如果你正在考虑的宝石价格高于下表中的价格，强烈推荐你在购买之前确定质量等级；在一些情况下，建议从拥有宝石实验室如 AGL、AGTA 宝石测试中心出具的质量分级证书的商家那里购买宝石。

经过优化处理的宝石——红宝石、蓝宝石、祖母绿、托帕石、碧玺等——会在价格上有所反映（侧面印证了宝石经过“优化处理”）。对于天然宝石或者是深度处理过的宝石，可以参考如下价格指南。

常见的彩色宝石价格指南

种类	宝石名称	颜色	每克拉零售价（美元）	光泽	耐久性	实用性
彩斑菊石	彩斑菊石	橘色，红色，绿色，黄色，蓝色，紫色	25~35 克拉：1875~5250	强	差到好	常见颜色：好 蓝色和紫色：差
红柱石	红柱石（穷人的变石）	灰蓝色至红棕色的变色，祖母绿色至明黄色	1~5 克拉：150~415 5~10 克拉：350~565	强	好	大颗粒：差 小颗粒：一般
磷灰石	磷灰石	各种色调的蓝色和绿色	1~3 克拉：90~190 3~5 克拉：115~200	一般	一般，柔软，容易产生划痕	好
蓝锥矿	蓝锥矿	蓝色，蓝紫色	0.5~1 克拉：1565~1940 1~2 克拉：2215~4500 2~3 克拉：4500~6250	很强	一般到好	1 克拉：好 1 克拉以上：一般到差
海蓝宝石	海蓝宝石	浅蓝色至中等深度的蓝色	1~5 克拉：200~815 5~10 克拉：500~1000	强	好	好
绿柱石[1]	金绿柱石	黄色，棕黄色	1~5 克拉：100~200 5~10 克拉：150~225	强	好	好
	绿色绿柱石	浅灰绿色至黄绿色或蓝绿色	1~5 克拉：90~190 5~10 克拉：150~215	强	好	好

续表

种类	宝石名称	颜色	每克拉零售价（美元）	光泽	耐久性	实用性
绿柱石（接上表）	祖母绿[2]	黄绿色至蓝绿色	1~2 克拉：3340~10000 2~4 克拉 ：4750~13750	一般到强	一般到好	很好 哥伦比亚产：稀少 其他：好
	摩根石	粉色至橙粉色	1~5 克拉：90~225 5~10 克拉：140~415	强	好	好：稀少 中等：好
	红色绿柱石[3]（红色祖母绿）	浅至深的橙红色，紫红色	1 克拉以下：1000~12500 1~2 克拉：16000~50000 2~2.5 克拉：50000~60000	一般到强	一般到好	很好：稀少 中等：好
金绿宝石	变石	变色：阳光下绿色，白炽灯下红色	0.5~2 克拉：5500~13750 2~5 克拉：8250~18750	强	极好	大颗粒：差 小颗粒：一般
	金绿宝石	黄色至黄棕色至黄绿色	1~5 克拉：100~275 5~10 克拉：225~350	强	极好	一般
	猫眼	黄绿色至棕黄色，有猫眼效应	1~3 克拉：1500~3500 3~5 克拉：2250~4500	可以忽略	极好	一般到好

数据来源：*The Guide* ，并调整成零售价格。

1. 绿柱石也有绿色（和祖母绿的颜色不同）、淡紫色、粉橙色。大多数颜色的绿柱石并不易获得。但其中一些，比如明亮的橙色绿柱石，可以达到 150 美元每克拉以下，并且具有极高的价值。
2. 弧面型红宝石、蓝宝石、祖母绿通常价格相对较低；最好的宝石可以卖到更高的价格。
3. 红色绿柱石的价格由 Equatorian Imports, Inc. 提供。

续表

种类	宝石名称	颜色	每克拉零售价（美元）	光泽	耐久性	实用性
刚玉	红宝石[4]	带有蓝色调或紫色调的红色	0.5~1 克拉：2375~3875 1~2 克拉：3250~5500 2~4 克拉：4750~13000	一般到强	极好	好 颜色天然形成：稀少 其他：好
	蓝宝石[4]	湖蓝色至墨水蓝	0.5~1 克拉：675~1650 1~2 克拉：1425~4125 2~4 克拉：2125~7000	强	极好	颜色天然形成：稀少 其他：好
	星光蓝宝石[4]		0.5~1 克拉：250~500 1~3 克拉：1500~3000 3~5 克拉：2500~4500	一般到强	好到极好	好的颜色和强烈的星光效应：稀少 其他：好
	无色蓝宝石	无色	0.5~1 克拉：75~125 1~2 克拉：125~250	强	很好	一般
	绿色蓝宝石	绿色至棕绿或蓝绿色	1~3 克拉：340~690 3~5 克拉：550~1000	强	极好	鲜绿色：稀少 其他：好
	粉色蓝宝石	浅至深的粉色	1~3 克拉：750~2250 3~5 克拉：875~3000	强	极好	1 克拉以下：好

4. 好的缅甸蓝宝石、红宝石非常稀少，达到“好”的级别可以超过这里提到的价格。合成红宝石 5 克拉以上的价格低于 75 美元。

续表

种类	宝石名称	颜色	每克拉零售价（美元）	光泽	耐久性	实用性
刚玉（接上表）	黄色蓝宝石	黄色（大多数都经过热处理；天然的黄色蓝宝石颜色通常都较暗淡）	1~5 克拉：250~1500 5~10 克拉：750~1565	强	极好	大颗粒：差 其他：一般
长石	拉长石	深灰蓝色至棕蓝色并具有强烈的晕彩 变彩	16 串直径 8mm 的珠子：182~245	不适用	好	好
	月光石	奶白色至蓝白色	1~5 克拉：20~125 1~5 克拉：40~140 5~20 克拉：100~165	不适用	好	白色：好 蓝色：一般
	日光石[5]	红色，橙色，黄色，深蓝色，绿色	1 克拉以下：250~500 1~5 克拉：300~1315	一般到强	好	小颗粒：好 其他：一般
石榴石	铁铝榴石（常见的石榴石）	紫红色至红色	1~5 克拉：30~40 5~10 克拉：40~65	一般到强	好	一般
	翠榴石	黄绿色至祖母绿色	1~2 克拉：2250~4500 2~3 克拉：3750~6250	很强	好	好
	钙铝榴石	黄色至黄绿色至棕黄色	1~5 克拉：175~750 5~10 克拉：375~1125	一般到强	好	好
	马来亚榴石	粉橙色至棕红色	1~5 克拉：50~110 5~10 克拉：80~175	强	好	差
	镁铝榴石	带黄色调的红色至深红色	1~5 克拉：20~40 5~20 克拉：30~70	一般到强	好	好

续表

种类	宝石名称	颜色	每克拉零售价（美元）	光泽	耐久性	实用性
石榴石（接上表）	铁镁铝榴石	玫红色	1~5 克拉：55~175 5~20 克拉：115~275	强	很好	好
	锰铝榴石	棕橙色至红棕色至棕红色	1~5 克拉：65~115 5~30 克拉：90~175	强	很好	好
	锰铝榴石（尼日利亚）	棕橙色至红橙色	1 ~3 克拉：215~565 3~10 克拉：565~1000 10~30 克拉：750~1375	强	很好	好
	橘色石榴石	橙色至红橙色	1~5 克拉：565~1250 5~10 克拉：1 000~1550	一般到很强	很好	大颗粒：稀少
	沙弗莱石	黄绿色至蓝绿色	1~3 克拉：2000~3125 3~5 克拉 3 500~4750 5~10 克拉：5 500~6875	强	很好	好 其他：好
堇青石	堇青石	紫蓝色至灰蓝色	1~5 克拉：75~150 5~10 克拉：115~190	强	一般	一般
橄榄石	橄榄石	黄绿色至深绿色至查特酒色	1~5 克拉：90~175 5~10 克拉：165~275	一般到很强	一般，容易产生划痕	大颗粒：差 小颗粒：好
石英	紫晶	紫色，红紫色至棕紫色	1~5 克拉：25~75 5~10 克拉：40~90 10~25 克拉：55~115	一般到很强	好	很好

续表

种类	宝石名称	颜色	每克拉零售价（美元）	光泽	耐久性	实用性
石榴石（接上表）	紫黄晶	各种色调的黄色和紫色共同出现在一颗宝石中	1~5 克拉：20~50 5~25 克拉：30~75	强	好	好
	黄晶	黄色至黄棕色	1~5 克拉：20~65 5~25 克拉：40~75	强	好	好
	芙蓉石 & 烟晶	纯粉色；一些为暗色；一些清澈透明；各种棕色调	多数大小：6~20 每颗宝石	强	好	好
尖晶石	蓝色尖晶石	中等深度的灰蓝色至深蓝色至紫色	1~3 克拉：675~1125 3~5 克拉：750~1500	强	很好	好
	粉色尖晶石	饱和度高的粉色至棕粉色	1~3 克拉：1250~2750 3~5 克拉：1625~3750	很强	很好	一般
	红色尖晶石	红色至棕红色	1~3 克拉：1125~3000 3~5 克拉：1500~5000	很强	很好	红宝石的红色：差 其他：好
锂辉石	紫锂辉石	紫色，粉色	1~5 克拉：40~165 5~20 克拉：150~240	强	不适合制作戒指	好
托帕石	蓝色托帕石	蓝色	1~5 克拉：15~25 5~20 克拉：20~30	强	一般	好
	帝王托帕石	偏粉调的金色 / 红色	1~3 克拉：340~1225 3~5 克拉：840~1565	强	一般	一般到好，特别是颗粒大的宝石
	粉色托帕石	粉色（存在红色，但十分稀有且昂贵）	1~3 克拉：1125~2000 3~5 克拉：1375~2250	强	一般	一般到好
	黄色 / 金色托帕石	黄色 / 金色	1~5 克拉：190~590 5~20 克拉：375~690	强	好	好

续表

种类	宝石名称	颜色	每克拉零售价（美元）	光泽	耐久性	实用性
碧玺	铬碧玺	深绿色	1~3 克拉：500~1065 3~5 克拉：875~1125	强	一般到好	差
	蓝色碧玺	墨水蓝至蓝绿色	1~5 克拉：340~750 5~10 克拉：440~875	强	一般到好	好
	帕拉伊巴	深至浅的绿色至蓝绿色和紫蓝色	1 克拉以下：1500~10000 1~3 克拉：11250~30000	极强	一般到好	1 克拉以下：一般好的级别 超过 1 克拉：几乎没有
	粉色碧玺	粉色或蔷薇色	1~5 克拉：175~500 5~10 克拉：225~625	强	一般到好	好
	红色碧玺	红色至紫色	1~5 克拉：200~675 5~10 克拉：450~750	强	一般到好	好
	绿色碧玺	各种色调的绿色	1~3 克拉：125~175 3~5 克拉：250~415 5~20 克拉：315~500	强	一般到好	好
	黄色碧玺	黄色、橙色和棕色的种类	1~5 克拉：190~500 5~10 克拉：550~815	强	一般到好	一般
	双色碧玺 三色碧玺	红 / 黑，红 / 绿，红 / 绿 / 无色	1~5 克拉：165~565 5~10 克拉：250~625	强	一般到好	好

续表

种类	宝石名称	颜色	每克拉零售价（美元）	光泽	耐久性	实用性
锆石	锆石	浅蓝色（通常经过热处理）	1~5 克拉：150~300 5~10 克拉：225~565	强	一般锆石不推荐制作戒指	大颗粒：差
		橙色至金棕色	1~5 克拉：90~215 5~10 克拉：165~250	强		好
		其他颜色	1~5 克拉：100~165 5~10 克拉：175~225	强		纯红色：差 其他色调的红色：好
黝帘石	坦桑石 绿色黝帘石	鲜艳的蓝色至浅紫色，蓝紫色	1~3 克拉：750~1 065 3~10 克拉：1125~1190 10~20 克拉：1190~1250	强	不适合制作戒指	好

欧泊零售价格指南（每克拉零售价）

这里有很多不同种类、不同质量的欧泊。非专业人士通常很难辨别不同质量的差异，这里有一些影响价格的主要因素，但价格仅仅是作为参考，想要获得更多信息，请参见附录中的作品选读。

常见欧泊种类

价格是克拉价，以美元为单位

种类	大小	好	很好	极好
白底冻胶状欧泊	1~15 克拉	25~75	75~200	200~1000
晶体白欧泊	1~15 克拉	30~85	85~225	225~1120
半晶体黑欧泊	1~15 克拉	40~90	150~875	625~2500
火欧泊（刻面）	5~10 克拉	115~275	275~590	590~1125

黑欧泊和晶体黑欧泊

价格是克拉价，以美元为单位

颜色	大小	好	很好	极好
红色—橙色的变彩	1~15 克拉	125~1250	940~6250	5375~20000
绿色—蓝色的变彩	1~15 克拉	90~590	500~3125	2750~12000
晶体欧泊	1~15 克拉	65~475	450~2250	2125~8750

砾背欧泊——单颗宝石价格

价格是克拉价，以美元为单位

	大小	好	很好	极好
小	1~5 克拉	75~1250	1250~3750	3750~7500
中等	5~10 克拉	500~2125	2125~5000	5000~13000
大	10~15 克拉	750~2750	2750~6250	6250~20000
很大	15~30 克拉以上	1 125~4500	3750~14000	12500~80000

数据来源：*The Guide*，并调整成零售价格。

合成宝石零售价格指南

常见合成宝石

价格是克拉价，以美元为单位

琢型	合成立方氧化锆	合成尖晶石	合成蓝宝石	合成尖晶拼合石
椭圆形琢型				
8 mm×6 mm	10	10	10	20
10 mm×8 mm	10	15	15	30
12 mm×10 mm	15	15	20	35
圆钻型				
4 mm	5	5	10	10
6 mm	5	10	10	20
8 mm	10	10	15	25

助熔剂法合成宝石

价格是克拉价，以美元为单位，并且适用于任何琢型

宝石	宝石级以上（无瑕）	宝石级（肉眼无瑕）	好（含有少量包裹体）	A 级（含有适量包裹体）
查塔姆合成祖母绿（5~10 克拉）		565	440	
查塔姆合成红宝石（5~10 克拉）		540	375	
查塔姆合成蓝色、粉色、帕帕拉恰蓝宝石和变石（5~10 克拉）*		375		
拉莫拉合成红宝石（3~5 克拉）	750	600	285	225

续表

宝石	宝石级以上（无瑕）	宝石级（肉眼无瑕）	好（含有少量包裹体）	A级（含有适量包裹体）
皇后合成祖母绿（5~10克拉）	375	275	225	180
尼古拉斯合成变石（任何重量）		180		

⋆查塔姆合成变石和蓝宝石只适用于宝石品质。

水热法和提拉法合成宝石

价格是克拉价，以美元为单位

宝石	所有质量级别
莱尼提（Lannyte）实验室合成红宝石和玫红色的蓝宝石（圆钻型）⋆	
2+mm	145~180
4+mm	105~130
6+mm	55~80
莱尼提实验室合成变石（圆钻型）⋆	
4+mm	130~155
6.5+mm	105~120
8+mm	70~95
莱尼提实验室合成祖母绿（正方形琢型）⋆	
4 mm~4.5 mm	155
5 mm~6.5 mm	145
7 mm~10 mm	120~130

⋆辐射琢型、具圆三角形腰棱的琢型和坐垫形琢型每克拉增加5美元。

重结晶红宝石、蓝宝石

价格是克拉价，以美元为单位

大于 1 克拉	最好的质量
重结晶红宝石	630
重结晶蓝宝石	690

吉尔森实验室合成欧泊

价格是克拉价，以美元为单位，并且适用于任何琢型

所有重量	所有质量级别
吉尔森合成白欧泊	30~100
吉尔森合成晶体欧泊	30~115
吉尔森合成黑欧泊	40~165

数据来源：*The Guide*，并调整成零售价格。

拼合宝石零售价格指南

彩斑菊石三层石

价格是克拉价，以美元为单位

大小	好	优质	极优质
8 mm×6 mm	130	260	420
10 mm×8 mm	220	435	720
12 mm×10 mm	335	655	1080

玻璃－红宝石拼合石

价格是克拉价，以美元为单位

大小	零售约价
1~5 克拉	10~15
5~10 克拉	15~20

莱尼提祖母绿二层石

价格是克拉价，以美元为单位

琢型	只有最好的质量
圆钻型	
4 mm	225
8 mm	290
12 mm	300
祖母绿型	
4 mm×6 mm	225
8 mm×10 mm	275
10 mm×12 mm	300
椭圆形琢型	
4 mm×6 mm	225
8 mm×10 mm	275
12 mm×14 mm	325

欧泊三层石——单颗宝石价格

价格是克拉价，以美元为单位

大小	好	很好	极好
8 mm×6 mm	24~40	50	100
10 mm×8 mm	45~80	100	150
12 mm×10 mm	60~120	160	230
14 mm×10 mm	80~175	220	325

第 9 章　多彩宝石，多彩选择

三大宝石——祖母绿、红宝石、蓝宝石

祖母绿

祖母绿是绿柱石家族中由铬和（或）钒致色的一个绿色品种，同时也是绿柱石家族中最珍贵的成员，是世界上最昂贵的宝石之一。红色绿柱石是另一种珍贵的种类，也被称为“红色祖母绿”。祖母绿除了作为 5 月份的生辰石外，古人还相信这种宝石会带给佩戴者忠诚和不变的爱意，也被认为可以预知凶吉。

祖母绿的莫氏硬度在 7.5~8 之间（国际上最常用的表示矿物硬度的一种标准，硬度从最软的 1 至最硬的 10）。祖母绿比其他种类的绿柱石和宝石更加易碎，在形成时经受了剧烈的地质变化，受到更多来自断裂带的压力，常发育大量裂隙。因此我们在佩戴祖母绿时要格外谨慎小心。

质量最好的祖母绿有着新鲜青草的颜色——几乎是纯净的光谱绿色，可能会带有微弱的蓝色调。无瑕的祖母绿太稀少了，以至于一出现就会引起人们的怀疑，所以，包裹体算得上是鉴定祖母绿真伪的“指纹”。鉴赏家常去寻找来自哥伦比亚的祖母绿，这里的祖母绿以浓艳生动的颜色闻名于世。哥伦比亚自古以来是最重要的祖母绿产地之一，其他产地包括阿富汗、巴西、印度、巴基斯坦、俄罗斯和赞比亚。另外，值得人们注意的是，新发现的祖母绿产地是美国北卡罗来纳州的希德尼特（Hiddenite），这个地方产出了一些颜色和净度较好的祖母绿晶体，成了优质祖母绿的一个重要新产地。

因其受欢迎程度和价值，祖母绿的仿制品很多。我们常见的刻意制造瑕疵的玻璃、二层石或三层石，新的合成品像“莱尼提祖母绿二层石”也同样进入了市场。这些宝石经过适当设计可以制作成有趣的首饰，但是消费者可能不会注意到它们是拼合石。

一些合成祖母绿（见第二部分第5章）很难依靠肉眼和天然祖母绿区别开来。合成祖母绿不仅在外观上与天然祖母绿相似，其内部特征与之也很相似。有时为了确定是不是天然祖母绿，我们必须把宝石送到权威的宝石实验室进行检测，但这种合成祖母绿本身并不昂贵。

改善颜色和掩盖瑕疵的处理手段也常用于祖母绿中。常用的手法就是给已延伸到表面的裂隙注油（有时注有色油）——这种技术的历史可以追溯到古希腊。今天，祖母绿通常用真空或加热技术来实现注油的目的。这种技术在商业上被人们广泛接受，因为它可以很好地掩盖祖母绿的天然裂隙。油注入裂隙中，减少裂隙的可见性，使它们看起来就像一些发白的瑕疵。这些油和祖母绿融为一体，除非经过一些脱脂步骤使它们从祖母绿中分离出来。超声波清洗仪能让注油祖母绿显露出原来的样子，因此，永远不要用超声波清洗仪来清洗祖母绿（离子清洗仪适用于祖母绿和其他所有的宝石）。

我的一个好朋友拿着祖传祖母绿戒指去珠宝商那里，希望得到一次彻底清洗。这位珠宝商很幸运。我的朋友并没有离开，在用清洗仪清洗祖母绿时就站在一旁，她亲眼看到了祖母绿不仅颜色变浅还突然出现许多瑕疵。超声波清洗仪除去了注入祖母绿裂隙中的油，使祖母绿多处颜色变浅，出现了更多的可见瑕疵。如果不是她亲眼所见，她一定会觉得是珠宝商将祖母绿调包了。

注油是一种被人们广泛接受的优化处理手法，但是宝石的价格一定要和宝石真正的质量相匹配。如果必要的话，大多数祖母绿都可以被重新注油。

充填环氧树脂也是一种新的处理方法，这种方法逐渐被人们接受且应用于产自世界各地包括哥伦比亚和巴西的很多祖母绿上。

和所有受欢迎的宝石一样，祖母绿的价值和需求量越高，就越容易出现欺骗性的手段。几乎所有的技术手段都应用在仿祖母绿上：把有色油密封充填在宝石背部来改变颜色；使用合成祖母绿的材料；用价值较低的绿色宝石、二层石或其他材料作为替代品……因此，在交易时要格外谨慎小心，要从有信誉的珠宝商那里购买，并且让专业的珠宝鉴定师检验宝石是不是二层石。现在，任何质量较好的祖母绿都会有实验室的证书或者送到实验室开具证书。

得到全世界认可的一种来自美国的宝石——红色祖母绿。珠宝学家更倾向于称这种宝石为红色绿柱石［英文名称为 Red Beryl or Bixbite，后者以此种宝石的发现者 Bixby（比克斯比）先生的名字命名］。不论名字是什么，这都是一种美丽的宝石，也是最稀少的宝石之一。

在讨论更多细节之前，我们先来介绍绿柱石家族的美丽的宝石品种：蓝色的是海蓝宝石，粉色的是摩根石（以 20 世纪富有的慈善家 J. P. 摩根先生的名字命名），无色的是透绿柱石（无色绿柱石），绿色的是祖母绿。更常见的一类是金绿柱石或黄色绿柱石，具有黄色调。另一种同样常见的是绿色绿柱石，具有由浅到中等的蓝绿、黄绿或灰绿色。

目前所知的宝石级红色绿柱石产地在美国。矿区位于犹他州的华华山脉，来自这个矿区的红色绿柱石在市场上被称为红色祖母绿，多年来只有收藏家、宝石学家和地质学家知道。不知道是不是因产量不足而无法满足过多的需求，它始终不出名。这种状况自 1980 年发现了一个重要的小矿区后开始改变，红色绿柱石开始在高级珠宝中崭露头角。

在红色绿柱石被人们了解之前，绿柱石家族中最珍稀的品种是祖母绿。红色绿柱石更加稀少，因此在了解了它的稀少性、珍贵性和价值之后，人们更喜欢称之为“红色祖母绿”。事实上，除颜色外，与绿柱石家族的其他成员相比，红色绿柱石与祖母绿更为相似，特别是内部特征，如包裹体和裂隙（形成于高压条件的地质构造环境）。由于它比祖母绿更稀少的事实，大多数人也同意“红色祖母绿”这个更能展现特点的名字。此外，在价值方面，和祖母绿之间的关系并没有让人们对红色祖母绿的珍贵性产生误解。它比祖母绿更稀少且售价更高。

超过 2 克拉的红色祖母绿非常稀少。世界上最大的红色祖母绿重 8.03 克拉，第二大的红色祖母绿重 4.5 克拉。大小超过 2 克拉的优质红色祖母绿的价格与优质红宝石相比，后者价格常超过前者。

实用小知识	
祖母绿成分： 铍铝硅酸盐	**莫氏硬度：** 7.5~8.0
重量： 轻（比重：2.69~2.76）	**耐久性：** 一般到好
光泽： 较强	

红宝石

自古以来红宝石就是珍贵宝石。在古罗马历史学家普林尼（Pliny）的记载中，红宝石被描述为“宝石中的宝石……它的美德超过了其他所有的珍贵宝石”。红宝石是红色的宝石级刚玉。历史上，它一直是爱和热情的象征，也被认为是稳固友情的良药，人们相信它可以使人容颜永驻。现在它是 7 月份的生辰石，颜色包括带紫色调或蓝色调的红色至橙红色。狂热的收藏家认为，红宝石最好的颜色是一种生动且几乎纯净的带有极轻微蓝色底色的光谱红色，就像我们在缅甸红宝石中见到的那样。其他优质红宝石的产地，如泰国、越南、柬埔寨、肯尼亚、马达加斯加、马拉维、坦桑尼亚和巴基斯坦控制的克什米尔地区，澳大利亚和格陵兰岛都新发现了红宝石的次生矿床[①]。红宝石非常明亮和坚硬，莫氏硬度达到了9。红宝石的耐久性和佩戴性特点对每件珠宝饰品来说都是非常好的材料选择。

半透明的红宝石也很常见，其中具有6射星光效应的红宝石可以被切磨成弧面型。这种红宝石被称为“星光红宝石”，是大自然送给我们最美丽、有趣的礼物之一。和其他众多曾经只在自然界存在的美丽宝石一样，星光红宝石现在也出现了合成品，这不过是人类尝试去模仿自然的产物。

这里再次强调，宝石的价值和需求量越高，就越容易出现改善或者仿冒这种宝石的手段。就像在其他宝石中出现的那样，在红宝石中可以找到几乎所有类型的欺骗性手段，如改善颜色、合成品、仿制品、二层石、三层石、具有误导性的命名等。特别注意可能应用于红宝石上的扩散处理和在裂隙中注油这两种手段。最新的合成红宝石，像查塔姆和拉莫拉合成红宝石，它们在很多方面几乎和天然红宝石一样，以至于即便是宝石学家也可能会误认为天然红宝石。当你得到一颗优质昂贵的红宝石时，一定要请具有多年彩色宝石经验并了解复杂市场的珠宝学家去鉴定真伪。我倾向于向已获得权威宝石鉴定机构认证的珠宝商和宝石学家咨询。

在交易时一定要小心：在购买宝石时要和有信誉的珠宝商交易，交易后宝石也要经过专业的珠宝鉴定师复检。

---

① 许多宝石矿物因具有较高的化学稳定性，故易于形成砂矿。由于矿物中的有用矿物不是在原地形成的，而是由异地搬来的，所以也称次生矿床。——译者注

实用小知识	
红宝石成分：三氧化二铝	**莫氏硬度：**9
重量：重（比重：3.97~4.05）	**耐久性：**极好
光泽：强	

蓝宝石

“天空”般的蓝宝石，是天堂的象征，纯真、贞洁的捍卫者，被人们赋予了真理和健康的寓意。蓝宝石也同样是宝石级刚玉。尽管我们了解最多的是其中最昂贵的蓝色品种，但从本质上讲，刚玉中几乎能出现所有颜色，红色的宝石级刚玉就是红宝石。蓝宝石是红宝石的姐妹石（莫氏硬度 9），光泽和多彩的颜色使其成了宝石家族中最重要和最常使用的宝石。

蓝色蓝宝石可能是蓝宝石家族中最珍贵的一员——特别是来自缅甸和克什米尔的蓝宝石。来自这两个产地的蓝宝石具有最接近纯净光谱色的蓝色。优质明亮的蓝色缅甸蓝宝石耀眼炫目，最昂贵的克什米尔蓝宝石具有天鹅绒状的蓝色外观。斯里兰卡蓝宝石具有非常漂亮的蓝色，相比于缅甸和克什米尔蓝宝石颜色稍浅，更柔和。

我见过的很多产于澳大利亚的蓝宝石主要呈轻微绿色调的暗蓝色，和产于泰国的蓝宝石一样每克拉售价较低。和那些来自缅甸、克什米尔、斯里兰卡的蓝宝石相比，其价格更容易被普通消费者接受，颜色也相对令人满意。蓝宝石的其他产地包括坦桑尼亚、巴西、非洲和美国。产于美国蒙大拿州的蓝宝石因不同寻常的颜色而被人竞相收藏。对于那些想要寻找真正“天然”宝石的人来说，蒙大拿州蓝宝石会是一个很好的选择。

产地是影响蓝宝石价格的一个重要因素。如果你购买产自克什米尔、缅甸或斯里兰卡的蓝宝石，销售单据上一定要注明产地。

像红宝石一样，半透明的蓝宝石被切磨成弧面型时可能会出现6射星光，被称为“星光蓝宝石”。同样，也存在很多合成星光蓝宝石（市场上经常提到的林德合成星光蓝宝石）。

除了蓝色蓝宝石外，在近期的珠宝设计上也可以看到很多其他颜色的蓝宝石——特别是黄色、粉色（马达加斯加最近发现了一个非常重要的粉色蓝宝石产区）和一些漂亮的小颗粒绿色蓝宝石。这些蓝宝石被叫作“彩色蓝宝石”。和昂贵的蓝色蓝宝石和红宝石相比，彩色蓝宝石物美价廉。

有一种美丽且稀少的蓝宝石——帕帕拉恰，同样也很受人们欢迎。真正的帕帕拉恰蓝宝石需要同时具有粉色和橙色色调。根据颜色的饱和度、光泽和大小的不同，帕帕拉恰蓝宝石的价格可以非常昂贵。另一种漂亮但常见且具有较高饱和度的橙色蓝宝石经常被当作帕帕拉恰售卖，但价格相对较低。更加稀少且昂贵的帕帕拉恰蓝宝石的颜色则是带有橙色调的浓烈粉红色。

今天，很多的蓝宝石由于颜色太深和较差的切工（为了保重使亭部较深）会呈现较暗的颜色，但是这种深蓝色经过优化处理可以变浅。不可避免的是，仿蓝宝石和蓝宝石的改善处理手段也频繁出现。蓝宝石可能经过扩散处理（见第二部分第5章和第6章），必须警惕，同时给蓝宝石注油来掩盖裂隙和包裹体也更为常见。颜色不一的合成品也进入了市场，包括鲜艳的绿色蓝宝石，和稀有昂贵的帕帕拉恰颜色一样的漂亮的粉橙色合成蓝宝石。要小心做得非常逼真的二层石——由冠部的一层薄薄的蓝宝石和亭部的合成蓝宝石组成，它们充斥市场。在这里再次强调，在交易的时候要小心谨慎，一定要从有信誉的珠宝商那里购买宝石，并把买到的宝石拿到专业的珠宝鉴定师那里复检。

实用小知识	
蓝宝石成分：三氧化二铝	**莫氏硬度：**9
重量：重（比重：3.97~4.05）	**耐久性：**极好
光泽：强	

其他受欢迎的彩色宝石

变石（亚历山大石）

变石是一种迷人的透明宝石，它在日光下呈草绿色，在白炽灯下呈现树莓般的红色。变石是金绿宝石家族中的一员，据说最初于1834年在俄国发现，发现这种宝石的那一天正巧是未来的沙皇——亚历山大二世成年之日，因此这颗宝石以他的名字来命名。在俄国，变石被看作吉祥的象征，同时也代表“星期五之石”以及“星期五的孩子”。

和其他被人们使用和欣赏了上千年的宝石不同，变石的发现历史并不久远。尽管如此，这种稀少的珍宝也早就盛行，收藏家以极高的价格竞相追逐。现在变石的主要产地有俄罗斯、巴西、马达加斯加和斯里兰卡。尽管我见过大颗粒的宝石级变石（15~20 克拉），但一般情况下变石的颗粒都比较小，超过 3 克拉的变石非常稀少。在今天 3 克拉的优质变石售价可高达 45000 美元。如果你见到一颗宽度超过半英寸（约 1.3 厘米）的变石,就要怀疑它是不是仿制品。变石是一种坚硬耐久的宝石(莫氏硬度 8.5），通常被切割成刻面型，但是一些产于巴西具有猫眼效应的变石（变石猫眼）会被切割成弧面型来展现猫眼效应，通常颗粒比较小，我见过最大的变石猫眼接近 3 克拉。

1973 年之前，世界上还没有出现优质的合成变石。尽管一些种类的合成刚玉和合成尖晶石经常被当作变石售卖，但这些合成品和变石并不相似，对珠宝学家来说，区分两者很容易。但因为很少有人见过真正的变石，所以人们很难将其区分。1973 年，一种优质的合成变石面市，且很难和天然变石区分。尽管现在有经验的珠宝学家可以鉴定这些合成品，但是当它们第一次出现在市场上的时候，大多被当成了天然变石。鉴定变石的真伪要特别小心，因为它们很有可能是多年前被误认为天然变石的合成品，以至于流转到你手中就被当成了真品！

实用小知识

变石成分：铍铝氧化物	**莫氏硬度：**8.5
重量：重（比重：3.7~3.72）	**耐久性：**极好
光泽：强	

琥珀

琥珀其实并不是矿物，而是一种非晶质的树脂化石。是人类最早使用的装饰品之一。石器时代挖掘出的经过粗加工的琥珀装饰品被当时的人认为是辟邪之物和护身符——使用历史明确记载是从古罗马时代开始。因颜色美丽、易于加工的特点，琥珀很快成为市场交易和装饰物中最受人们欢迎的物品。琥珀从透明到半透明，颜色可以从黄色过渡到深棕色，有时也可以看到红棕色和绿棕色的琥珀。此外，琥珀也可以被染成各种颜色。有时在琥珀里面，我们可以发现区别于琥珀本体的外来物质或者困在里面的昆虫，通常情况下这些物质的存在都会提升琥珀的价值。最著名的琥珀产地是波罗的海，主要沿波兰、俄罗斯、挪威和丹麦的海岸线分布。在加拿大、捷克、多米尼加、英国、法国、德国、意大利、墨西哥、罗马尼亚、美国也都有琥珀的产出。

塑料是最常见的琥珀仿品。天然的琥珀是宝石中最轻的，通过浸入饱和盐水的方法，很容易和大多数的塑料仿品区分开来：琥珀会漂浮，而塑料会沉底。另一种常见的“琥珀”是再造琥珀——经过加热把琥珀碎块压制成一个整体。借助放大镜，专家可以区分再造琥珀和天然琥珀。

热针探测是检测琥珀的一种有效方法。用镊子夹持热针触碰琥珀不起眼的位置，琥珀会产生白烟并产生燃烧松木的味道，而没有药品或消毒剂的味道。如果没有产生白烟，并且在“琥珀”上面留下了黑色痕迹，这就不是天然琥珀。另一种测试方法，就是在“琥珀”珠钻孔的位置用锋利的小刀切一小片琥珀下来。如果它切起来像在刨木头，边缘产生尖锐且易碎的小片，这就不是天然琥珀。

除了那些拥有特殊意义的古董琥珀外，琥珀的价值取决于受欢迎的程度，其中一部分由时尚产业和个人喜好所决定。尽管如此，琥珀早已向世人证明是一种永恒的宝石，会深受人们的喜爱。

实用小知识	
琥珀成分：石化的天然植物树脂	**莫氏硬度：**2~2.5（软）
重量：很轻（比重：1.05~1.09）	**耐久性：**好
光泽：中等	

紫晶

紫晶是一种透明的紫色水晶，是深受欢迎的彩色宝石之一。人们曾经相信佩戴紫晶可以令人平静，也可以使人千杯不醉，如果将太阳或月亮的运行轨迹刻在上面，紫晶就是解毒良药。

紫晶的颜色从浅紫到深紫，是 2 月份的生辰石，硬度相对较高（莫氏硬度 7），产出量很大，甚至颜色非常浓艳的紫晶也很常见（尽管较大颗粒的深紫色紫晶变得更稀少）。紫晶在很多国家都有产出，其中质量最好的产自玻利维亚、巴西和俄罗斯（俄罗斯的紫晶在紫色的基色上带有轻微的红色调）；澳大利亚、加拿大、印度、马达加斯加、纳米比亚、斯里兰卡、乌拉圭、美国和赞比亚也都有优质紫晶产出。

紫晶应该是中等价位宝石中最美丽的宝石之一。消费者购买紫晶时要谨慎小心，因为一些优质的紫晶可能是合成的。大多数合成品可以由经验丰富的宝石学家鉴别出来。紫晶可能会因高温和光照而褪色。如果小心保护你的紫晶远离高温和光照，紫晶的颜色会永远保持下去。我们收到来自各个城市消费者的抱怨，他们新买的紫晶首饰在几个月的时间里就从深紫色变成了浅紫色。这种情况在正常条件下是不会发生的，很可能是买到了经过颜色改善处理的紫晶，而这种手段是不被市场接受的。如果你的紫晶很快褪色，请把它退还给珠宝商。

实用小知识	
紫晶成分：二氧化硅	**莫氏硬度：**7
重量：轻（比重：2.65）	**耐久性：**好
光泽：中等	

彩斑菊石

彩斑菊石是近年来进入宝石界的一种非常有趣、富于颜色变化的品种。20 世纪印第安人发现了彩斑菊石，认为彩斑菊石是能带来财富的好运石。1981 年，人们在加拿大艾伯塔省发现了新的彩斑菊石资源，可以为市场提供充足的优质彩斑菊石，之后彩斑菊石才被用来制成珠宝首饰。

彩斑菊石实际上是菊石化石，一种几百万年前已经灭绝了的甲壳类动物的化石。菊石的盘绕形态很受化石收藏爱好者的欢迎。彩斑菊石的英文名称“Ammonite”来源于古埃及的太阳神阿蒙(Amun),这位神的脑袋上长着像山羊一样弯曲缠绕的角,其形象和彩斑菊石中盘绕的菊石形象相似。

彩斑菊石是菊石化石中的钙质成分被其他矿物,如黄铁矿、铁、方解石等替换形成的。光从宝石的薄层间穿过时发生干涉作用,被分解成彩虹色反射到人的眼中,这就是彩斑菊石产生不同寻常的颜色和虹彩的原因。彩斑菊石有着自身的特点,尽管在某些方面和黑欧泊很相似,但表面特殊的、几乎近于破碎的斑块形成了蛇皮一样的图案。彩斑菊石的颜色斑驳明亮,包括橙色、红色、绿色和黄色。蓝色和紫色也有出现,但具有这两种颜色的彩斑菊石比较稀少,价值也很高。最好的彩斑菊石会同时具有 3 种或 3 种以上的颜色,就像优质欧泊一样,颜色会随着宝石的转动而发生变化。

颜色的深浅、范围和色斑的图案是彩斑菊石最重要的质量因素。色斑间的距离和没有颜色的暗区面积越小越好。好的彩斑菊石色斑间几乎没有或只有小的间隔,或者在色斑的空隙形成非常有趣的图案。如果这些图案具有特殊的魅力,就会提升这块彩斑菊石的价值。如果颜色间的间隔较大或者比较明显,彩斑菊石的价值就会降低。

有时彩斑菊石因为很薄,较易碎,以至于不能直接制作成珠宝首饰。与合成尖晶石拼合在一起组成的彩斑菊石三层石非常普遍。三层石的价格一般是天然彩斑菊石价格的一半。价格由大小(以平方毫米计算)、每块宝石自身的特点和总体品质决定。通常情况下,一块三层石的价格在 200~2500 美元之间,一块天然的彩斑菊石的价格在 400~5000 美元之间。

实用小知识	
彩斑菊石成分：菊石化石大多是方解石化的菊石壳内模。 彩斑菊石是由具晕彩的菊石壳碎片经塑料灌注作稳定化处理而成。	**光泽**：强 **莫氏硬度**：3.5~4.5（软）
重量：不定	**耐久性**：差到好

彩斑菊石相对较软（莫氏硬度3.5~4.5，取决于组成彩斑菊石的化学成分），要小心保存：在放入珠宝盒前要用软布或纸巾包裹彩斑菊石，或者单独存放在一个独立的空间里以防止划伤表面；避免彩斑菊石碰到酸、碱、定型摩丝和香水；清洁时用软刷蘸取温和的肥皂水或珍珠清洁剂清洗。

红柱石（穷人的变石）

红柱石给珠宝首饰提供了新的可能。这种迷人的、相对坚硬（莫氏硬度7~7.5）和耐久的宝石的主要产地是巴西。红柱石之所以引人注目，是因为能同时展现多种颜色：从一个方向观察可以看到橄榄绿色，从另一个方向观察可以看到鲜艳的红棕色，再换一个方向就出现了灰绿色。祖母绿型的红柱石主体呈现绿色，但在边棱的末端会出现橙色。圆钻型的红柱石呈绿色但同时又会出现其他颜色的闪光。和变石相比，红柱石的一个优点就是不用调换光源就可以看到颜色的变化——只要改变角度就可以了。稀少昂贵的祖母绿色红柱石，从不同的角度观察会出现明黄色。但粉色的红柱石不会出现这种颜色变化。在目前市场上，特别是对于普通消费者，红柱石并不容易获得。红柱石的主要产地是巴西、斯里兰卡，其他产地包括澳大利亚、加拿大、俄罗斯、西班牙和美国。

实用小知识	
红柱石成分：铝硅酸盐	**莫氏硬度：**（7~7.5）
重量：较重（比重：3.1~3.2）	**耐久性：**好
光泽：中等	

磷灰石

磷灰石是一种颜色丰富的美丽宝石，包括不同色调的黄色、蓝色、绿色、紫色和粉色。不幸的是，这种宝石硬度较低，经不起日常佩戴的磨损。也正因为这样，磷灰石在之前一直没有应用于珠宝首饰中。近几年，绿色、蓝色和紫色的磷灰石因与宝石新宠帕拉伊巴碧玺非常相似而受到大家的欢迎。帕拉伊巴是一种非常稀少的碧玺，发现于 20 世纪 90 年代，具有我们所说的霓虹色，而这种颜色以前从未在其他宝石中出现过。其颜色是如此迷人，以至于一夜之间家喻户晓。随着对帕拉伊巴需求量的增加，资源也随之枯竭，帕拉伊巴的价格也越涨越高，达到了与蓝宝石、祖母绿克拉价相等的地步！因为帕拉伊巴的价格超出大多数人的承受范围，而磷灰石的价格只是帕拉伊巴的零头，颜色却与帕拉伊巴很相似，渐渐地，磷灰石成了人们触手可及的选择，开始盛行起来。1~2 克拉的磷灰石，每克拉价格在 200~300 美元之间，而同等大小的帕拉伊巴克拉价在 10000~15000 美元之间。

磷灰石的产量丰富，并且在多个国家都有产出，包括缅甸、斯里兰卡、巴西、俄罗斯、加拿大、瑞典、西班牙和墨西哥。一种产自西班牙的黄绿色磷灰石常被称为“黄绿磷灰石”。除了透明的磷灰石外，弧面型具有猫眼效应的半透明磷灰石也很常见。磷灰石猫眼大小不一，但是 5 克拉以上的磷灰石猫眼中常有肉眼可见的包裹体。

尽管它与帕拉伊巴有相似的颜色，但磷灰石的光泽和硬度都不如帕拉伊巴碧玺。磷灰石可以用来制作美丽的耳环、坠饰和胸针，但是不推荐用磷灰石制作戒指和手镯，因为它实在是太容易产生划痕了，且表面很快就会被磨蚀，失去美丽。要注意不要让坚硬的物体划伤它。建议把磷灰石首饰单独存放或者是放在首饰盒的小格子里，用软布或纸巾包裹，以防宝石间相互摩擦或者被首饰的金属部分划伤。当你想要保养磷灰石首饰或者想要重新镶嵌磷灰石时，一定要跟珠宝商说明这是磷灰石，要小心操作和保存。

实用小知识	
磷灰石成分：含氯或氟的磷酸钙	**莫氏硬度：**5（软）
重量：较重（比重：3.17~3.23）	**耐久性：**一般（不适合制作戒指和手镯）
光泽：较强	

海蓝宝石

梦到海蓝宝石预示着你会认识新的朋友，佩戴海蓝宝石耳饰会带来爱情。海蓝宝石通常是年轻、希望和健康的象征，会给在 3 月份降生的人带来祝福（在 15 世纪之前，海蓝宝石被认为是 10 月份的生辰石）。海蓝宝石是绿柱石家族中的重要成员，祖母绿也是其中的一员，但海蓝宝石不像祖母绿那么易碎，耐久性也更好（祖母绿莫氏硬度 7.5~8）。海蓝宝石的颜色从浅蓝色变化至蓝绿色和深蓝色，其中深蓝色的海蓝宝石价值最高，也深受人们喜爱。海蓝宝石是一种耐久性很好的宝石，光泽好且干净。和祖母绿不一样，大颗粒海蓝宝石的净度也可以很高，尽管这样品质的海蓝宝石也变得越来越少。大部分的海蓝宝石可以达到 15 克拉，但是 10 克拉大小具有好的颜色和净度的海蓝宝石变得越来越稀少和昂贵。过去一颗美丽且价格适中的大颗粒深蓝色海蓝宝石，现在已经被列入“昂贵”宝石的行列。巴西是最好的海蓝宝石的产出国，其他重要的海蓝宝石产地包括阿富汗、印度、马达加斯加、尼日利亚、巴基斯坦和俄罗斯。

这里有一些给那些对海蓝宝石感兴趣的人的建议。首先，在购买颜色较浅或者切割比较浅的海蓝宝石时一定要考虑清楚，当污渍在宝石底部聚集时颜色会变得更浅。这种宝石需要定期清洁以保持美丽。其次，注意不要把蓝色托帕石和海蓝宝石相混淆。尽管托帕石同样很漂亮，但托帕石的颜色通常是经过处理得到的，价格相比海蓝宝石来说较低。对于那些买不起海蓝宝石的人来说，经过适当切割且价格合理的蓝色托帕石是一个完美的选择。最后要注意的是，市场上有很多和海蓝宝石颜色一样的合成尖晶石被当作海蓝宝石售卖。

实用小知识	
海蓝宝石成分：铍铝硅酸盐	**莫氏硬度：**7.5~8
重量：轻（比重：2.68~2.9）	**耐久性：**非常好
光泽：中等	

蓝锥矿

这种极其美丽稀少的宝石很少出现在珠宝首饰中，但是非常受收藏家和业内人士的欢迎。蓝锥矿发现于加利福尼亚的圣贝尼托（San Benito），这里一直是宝石级蓝锥矿的唯一产地。近年来，蓝锥矿成了加利福尼亚的官方州石，我们开始有更多机会在高档的珠宝店里见到蓝锥矿了。

蓝锥矿的颜色从无色至深蓝色（有紫色调）再到紫色。非常稀少的粉色蓝锥矿也有出现。蓝锥矿具有钻石那样的火彩——光进入宝石发生了色散，将白光分解为彩虹色，同时也非常闪耀。有时很容易第一眼把蓝锥矿误认为蓝色钻石。虽然蓝锥矿没有钻石那无与伦比的硬度，但是硬度可以和紫晶相比（莫氏硬度 6.5）。大小超过 1 克拉的蓝锥矿非常稀少；每年只能产出 5 颗切割之后超过 2 克拉的蓝锥矿；每 5 年才能产出一颗 5 克拉以上的蓝锥矿原石。蓝锥矿的稀少性决定了昂贵的价格——一颗优质的 1 克拉的蓝锥矿可以轻松卖到 30000 美元。

颜色漂亮的 2 克拉蓝锥矿就更稀少，价格也更昂贵。目前已发现的最大宝石级蓝锥矿重量超过 7.75 克拉，被华盛顿史密森尼博物馆收藏。

对于珠宝来说，蓝锥矿是一种耐久性相对较好的宝石，但考虑到其稀少性和价值，建议将它放在具有保护措施的装置中，防止意外划伤。

实用小知识	
蓝锥矿成分： 钡钛硅酸盐	**莫氏硬度：** 6.5
重量： 重（比重：3.65~3.68）	**耐久性：** 一般到好
光泽： 强到极强	

绿柱石（金绿柱石和摩根石）

早在公元 1200 年，传说中就已经赞扬了绿柱石的美德。绿柱石可以帮助佩戴者在战斗或诉讼中战胜对手，使佩戴者不可战胜，同时又能亲和友善，受人喜爱，也可以使人的思维变得更加敏锐，治愈懒惰。今天绿柱石也是一种重要的宝石，但主要是美学原因。绿柱石的颜色、完美净度（除祖母绿外）、光泽和耐久性（莫氏硬度 7.5~8；祖母绿除外）赋予绿柱石家族成员极大的魅力。

大多数人很熟悉绿柱石中蓝色的品种——海蓝宝石，绿色的品种——祖母绿。但很少有人知道粉色绿柱石——摩根石和美丽的金黄色绿柱石（即金绿柱石）。这些宝石刚在珠宝世界确立地位，就已经出现在由最好的设计师制作的珠宝首饰中，尽管价格并不昂贵，但是同样具备极高的价值和极致的美丽。最好的金绿柱石发现于俄罗斯和马达加斯加，但巴西、纳米比亚、美国、乌克兰也有产出。优质摩根石主要产于马达加斯加和巴西，同时意大利和莫桑比克、纳米比亚、巴基斯坦、美国和津巴布韦也有产出。

绿柱石也有很多其他的颜色——淡紫色、橙红色、橙色、海绿色，还有无色。除了那些地质学家狂热追捧的绿柱石，大部分其他种类的绿柱石对人们来说都难以获得。橙色的绿柱石较常见，可以用低于 125 美元每克拉的价格购得。一些橙色绿柱石经过热处理能产生更受欢迎的粉红色，然后被当作摩根石出售。最稀有的颜色是红色，红色绿柱石甚至比祖母绿还稀少，价格也与祖母绿相当，被称为“红色祖母绿”（见前面祖母绿内容）。

另一种新发现的绿柱石矿物是草莓红绿柱石，发现于 2002 年。

实用小知识	
绿柱石成分：铍铝硅酸盐	**莫氏硬度：**7.5~8
重量：轻（比重：2.68~2.9）	**耐久性：**好到很好
光泽：较强	

血玉髓（红斑绿玉髓）

古罗马人相信这种宝石是从天堂降落的，在历史的长河中，血玉髓一直占有重要地位，甚至到了现代也还作为一种有效的药品（过去人们相信血玉髓具有止血的功效，能治疗眼睛充血、化解蛇毒、改善泌尿系统。一直到今天，世界上其他一些地方也有人佩戴血玉髓的护身符来预防中暑和头痛，保护佩戴者免受恶毒的诅咒）。

血玉髓是3月份的生辰石，从不透明到微透明，深绿色玉髓基底上散落分布着点状红色碧玉（一种玉髓，即石英质玉石）。用血玉髓制作的男性戒指很受欢迎（也许男人更需要保护，免于生病）。如果血玉髓的绿色基底色没有接近黑色那么深，红色的斑点明显且接近圆形，则更受人们青睐。由于它硬度较高（莫氏硬度7），所以耐久性较好，且价格适中也容易购买。印度是血玉髓的主要产地，此外，澳大利亚、巴西、中国和美国也都有产出。

实用小知识	
血玉髓成分：二氧化硅	**莫氏硬度：**7
重量：轻（比重：2.61）	**耐久性：**好
光泽：中等	

金绿宝石和猫眼

金绿宝石家族非常有趣，其家族成员——变石、猫眼和金绿宝石——尽管化学成分相似，但是光学性质又有各自的特点，看上去一点也不相似。

猫眼（只有金绿宝石猫眼叫猫眼，下同）很长时间以来一直被认为具有抵抗恶魔的魔力。当你看到强烈的猫眼效应的时候，就会明白人们相信猫眼具有魔力。在神话传说中，猫眼可以看见一切，且时刻注视着佩戴者。过去人们认为梦到猫眼意味着背叛。但人们又认为猫眼象征长寿，能抵御外邪入侵。

猫眼（莫氏硬度 8.5）很坚硬、半透明，颜色从蜜黄色或蜜棕色变化到黄绿色，甚至近于祖母绿的颜色。它有天鹅绒或丝绸般的质地，经过适当切割，猫眼的正中心就会出现一条像从宝石内部射出的明亮乳白色光带。真正的猫眼应该不会和黄棕色的虎睛石和蓝色的鹰眼石这类石英质宝石相混淆。具有猫眼效应的石英质宝石的眼线较猫眼暗淡，颜色也不如猫眼鲜艳。要注意，猫眼效应只会出现在弧面型宝石中，且猫眼产于巴西、中国和斯里兰卡。

要想清晰地观察猫眼效应，应该在单个强光源下观察宝石，光源最好直接从宝石正上方照射。如果眼线没有出现在宝石正中央，这颗宝石的价值就要降低。当移动宝石的时候，眼线也要灵活地从一边转动到另一边——这可能是古人相信猫眼可以看到一切并守护佩戴者的另一个原因。

金绿宝石光泽明亮、透明、干净，耐久性也很好（莫氏硬度 8.5），呈黄色、黄绿色、绿色。最好的金绿宝石产自俄罗斯，斯里兰卡也是重要产地。巴西、马达加斯加、缅甸、坦桑尼亚、津巴布韦也都有金绿宝石产出。

变石具有极高的价值，非常美丽且价格适中，也已在当代首饰中运用。

实用小知识	
金绿宝石成分：铍铝氧化物	**莫氏硬度：**8.5
重量：重（比重：3.71~3.72）	**耐久性：**极好
光泽：强	

硅孔雀石

真正的硅孔雀石是一种很软的含铜矿物，因太软而不能用作宝石（详见后面石英内容）。

绿玉髓和红玉髓

绿玉髓一直是那些不同寻常故事中的主角。在19世纪初的时候，人们相信，被判绞刑或砍头的小偷如果将绿玉髓含到嘴中就可以马上逃脱。当然，除非他正好带着一颗绿玉髓，不然立刻得到它并非易事。

绿玉髓是一种价格便宜、透明度较高，具有亮绿或浅绿色至深绿色的石英质玉石。尽管颜色非常均匀，镶嵌在首饰中也非常美丽，但是如果有必要，这种宝石就会进行染色处理来加强颜色。绿玉髓经常被切磨成弧面型。绿玉髓制作的时尚首饰很受大家欢迎，但不要与翡翠相混淆。有时候，绿玉髓被叫作“澳玉”。

如果你胆子小，红玉髓就是最适合你的宝石。“建议那些声音很小，在演讲上表现胆怯的人佩戴红玉髓，这种具有温暖颜色的宝石会给人勇气，这样胆小的人就能勇敢说话了。”乔治·F. 孔兹（G.F.Kunz），一位处于世纪之交的宝石学家和历史学家如是说。

穆斯林特别崇敬这种宝石，因为穆罕默德（Muhammad）就佩戴了一枚银质包镶红玉髓戒指。

拿破仑一世在远征埃及的战争中捡到（明显是从战场上）一颗不同寻常的八角形红玉髓，上面雕刻着“奴隶亚伯拉罕依偎上帝”。拿破仑一直佩戴着这颗玉髓，最后将它传给了侄子。

作为 8 月份的生辰石之一，红玉髓是红橙色至棕橙色的石英质玉石，硬度相对较高（莫氏硬度 7），从半透明至不透明，均匀温暖的颜色和相对较高的耐久性使它成为人们最喜爱的宝石之一，在古董首饰中经常以雕刻的形式出现，特别是浮雕。今天最优质的绿玉髓产自澳大利亚，同时奥地利、巴西、捷克、波兰、俄罗斯和美国也有发现。红玉髓的主要产地是印度。红玉髓的颜色美丽温暖，是一种相对便宜的宝石，给珠宝首饰提供了一个迎合当今时尚色彩的完美选择。

实用小知识	
绿玉髓和红玉髓的成分：二氧化硅	**莫氏硬度：**7
重量：轻（比重：2.6~2.65）	**耐久性：**好
光泽：中等	

黄晶

详见后面石英内容。

珊瑚

珊瑚，2000 多年以来一直被归入珍贵宝石中，与钻石、红宝石、祖母绿和珍珠装饰在古代护身符上。16 世纪人们“实验证实”珊瑚可以缓解烦躁，给予智慧，能止血，使风暴停止，当然还有让旅行者安全穿过宽阔河流的作用，治疗不孕不育。这是一颗多么强大的宝石啊！

红珊瑚象征着依恋、奉献、远离灾祸和瘟疫，有着与众不同的品质：当佩戴者的朋友将要死去的时候，红珊瑚的颜色会消失。想要获得红珊瑚的力量，有效运用红珊瑚的能量，就要保持它的原貌，佩戴没有经过人工处理的红珊瑚。这也许是我们通常看到的项链和坠饰上的红珊瑚都保持了原貌的原因。

珊瑚曾经有一段时间没那么流行，但近几年逐步恢复地位。这种半透明至不透明的宝石，主要是由一种海洋无脊椎动物的骨骼形成的碳酸钙质宝石。在水下这种骨骼看上去就像是树枝。珊瑚具有很多种颜色——白色、粉色、橙色、红色和黑色。有一种非常昂贵，在近几年广受欢迎，且在优质珠宝首饰中广泛应用的珊瑚叫“天使肤色”珊瑚（Angel Skin Coral）。这是一种发白的、带有浅粉色或桃红色的珊瑚。在今天，稀有昂贵的珊瑚是血珊瑚，也被称为“贵珊瑚”或“牛血红珊瑚”。这是一种深红色的珊瑚，我们不能把它与更常见的橙红色珊瑚相混淆。最好的红珊瑚产自地中海意大利附近。在红海的非洲海岸、马来西亚和日本海岸（日本也产白珊瑚）也有产出。黑珊瑚的化学成分和其他种类的珊瑚不同，主要产自夏威夷和墨西哥。

珊瑚经常被加工成弧面型，或做成雕件。在那些坚信加工后珊瑚会失去神奇力量的国家里，以原貌出现在珠宝首饰中的珊瑚也相对常见。珊瑚是一种很软的宝石（莫氏硬度 3.5），佩戴时要特别小心。而且，它是钙质宝石，你一定要小心避免让珊瑚接触酸性物质，如醋。

此外，和其他宝石一样，在购买时要小心，玻璃和塑料的仿珊瑚很常见。

实用小知识	
珊瑚成分：方解石和文石或介壳质	**莫氏硬度：**3.5（软）
重量：轻（比重：2.6~2.7）	**耐久性：**一般到好
光泽：低到中等	

透辉石

透辉石是一种近年才进入人们视线的宝石，过去主要为地质学家和矿物收藏家所知。虽然透辉石正在进入珠宝市场中，但其硬度较低，要小心呵护。它的常见颜色是不同色调的绿色，包括灰绿色、蓝绿色、棕绿色和黄绿色。和其他绿色宝石相比，透辉石在价格上能被人们广泛接受，但因颜色通常很深，近乎黑色，所以人们并不是很喜欢。铬透辉石是一种相对稀少的透辉石，具有非常鲜艳的亮绿色和惹人喜爱的浅蓝绿色。透辉石也有无色的，在意大利和美国也发现一种稀少的紫蓝色透辉石。透辉石的产地包括奥地利、巴西、加拿大、印度、马达加斯加、缅甸、巴基斯坦、俄罗斯、北非和斯里兰卡。4 克拉左右的铬透辉石较常见，但是其他种类的透辉石很少出现 5 克拉以上的。

透辉石可以用来制作非常漂亮的耳饰、坠饰和胸针，但不建议用透辉石制作戒指或者手镯，它很容易被划伤。就像较软的宝石经常会出现的情况，划伤后很快就会变得暗淡。因此，一定要特别小心，防止透辉石被比它硬的东西划伤。建议把透辉石首饰单独存放或者放在首饰盒的小格子里，用软布或纸巾包裹，以防宝石之间相互磨损或者被金属部件划伤。当你想要保养透辉石首饰或者想要重新镶嵌透辉石时，一定要提醒珠宝商这是透辉石，要小心操作和保存。

实用小知识	
透辉石成分： 钙镁硅酸盐	**莫氏硬度：** 5.5（软）
重量： 较重（比重：3.23~3.29）	**耐久性：** 一般（不适合制作戒指和手镯）
光泽： 中等	

长石

长石族是矿物中非常重要的一类，其中也包括一些现在非常流行的宝石。我们接下来会区别这些非常有趣的宝石。

中长石 也被称为“中长石－拉长石”，这是一种非常可爱的长石品种，能出现鲜艳的红色、橙色、绿色和黄色，通常含有包裹体，能呈现出一种非常有趣的闪光效果。这是一种耐磨损的宝石（莫氏硬度 6~6.5），通常被切割为弧面型，其净度很难达到刻面的切割标准。大多数的长石爱好者都同意最优质的中长石产自美国俄勒冈州。来自这个地区的长石拥有优质的颜色，同时具有完美的透明度和亮度，但几克拉以上的中长石非常稀少且昂贵。最新记载的红色至橙色的中长石发现于中国西藏和内蒙古，产自这两个地区的中长石为半透明至透明，但是颜色通常不那么鲜艳。我们知道产自这两个地区和墨西哥的一些黄色长石经过扩散处理可以变成更加稀少、美丽的红色和橙色，所以怀疑这就是现在市场上销售的较便宜的刻面红色至橙色长石的原材料，但实验室通常不能确定长石的颜色是不是天然的。如果你想购买颜色为天然的红色或者绿色中长石，我建议你购买产自俄勒冈州的中长石，因为这个地区的中长石有着独特的鉴定特征，可以确定产地。

拉长石、日光石和光谱石 拉长石是一种非常迷人的宝石，特别是当拉长石的珠子和雕刻作品开始在一些独具特色的珠宝展中出现的时候。拉长石是长石家族中的一员（莫氏硬度 6~6.5）。最常见的是几乎不透明的灰色拉长石，在特定的角度可以看见闪耀着令人惊叹的孔雀蓝色、绿色或者黄色的光斑。

一种美丽、有闪光的红色至橙色的长石（有时会出现绿色和双色）是日光石，这种宝石同样也正在进入珠宝的世界，令人惊艳。这种产于俄勒冈州的宝石被美国主要的珠宝零售商青睐，例如蒂芙尼（Tiffany）。芬兰也出产一种非常漂亮的拉长石，通常被称作“光谱石”，会出现像孔雀羽毛的颜色或者蝴蝶翅膀上的各种颜色。这种宝石也可以出现猫眼效应。

长石经常被切磨成弧面型，但是一些透明的日光石可以被切割成非常美丽的刻面宝石。同时长石也会有一些玻璃仿制品，但是和真正的宝石并不太相似。长石是一种目前价格还相对便宜的宝石，如果你想要引人注目、与众不同，就可以考虑这种宝石。

月光石 绝对是一种好运石。特别是对情侣来说，月光石是一种很高级的礼物，因为人们相信月光石能唤起恋人间的柔情，并赋予其预知未来恋情的能力。传说一定要在满月时将月光石含在嘴里才能收到预知的信息。也许月光石一个更重要的用途是用来制作护身符，这种护身符可以预防佩戴者免受癫痫这种疾病的侵袭以及保证果树的收成。这种宝石也具有促进植物生长的作用。

月光石的名称可能源于透过这种宝石可以看到朔望月的故事——当一个小白点出现在宝石上，并随着新月的出现在逐渐向宝石中心移动的过程中越变越大，直到这个白点在宝石中心变成了满月的形状。

月光石是长石家族中的一员（莫氏硬度在 6~6.5 之间），这是一种透明、底色是乳白色至蓝色，可以看到来自宝石表面之下的乳白至淡蓝色光彩的长石，非常适合制作戒指，因为在手移动的时候它的月光效应会特别明显。具有蓝色晕彩的月光石最受人们喜爱，但是这种月光石在市场上也变得越来越稀少，特别是颗粒较大的月光石。最优质的月光石产自缅甸和斯里兰卡，其他产地包括巴西、印度、马达加斯加、墨西哥和坦桑尼亚。

市面上也有一些月光石的玻璃仿制品，但是不如真正的月光石那么美丽。

实用小知识	
中长石成分：钠钙硅酸盐	**莫氏硬度：**6~7
重量：轻（比重：2.57~2.77）	**耐久性：**中等偏高
光泽：强	
拉长石、日光石和光谱石成分：钠钙硅酸盐	**莫氏硬度：**6~6.5
重量：轻（比重：2.68~2.7）	**耐久性：**好（比一些硬度较高的宝石更坚固）
光泽：比较明亮；有强烈彩虹光	
月光石成分：以钾钠硅酸盐为主	**莫氏硬度：**6~6.5
重量：轻（比重：2.57）	**耐久性：**好
光泽：中等	

石榴石

如果你忠诚，乐于奉献且富有活力，或许石榴石是最适合你的宝石。如果你不是，或许你应该收藏一些石榴石！人们认为红色的石榴石能够让人变得更加真诚，它能够止血或治疗其他类型的失血，缓解炎症性疾病、愤怒和紊乱。如果你的石榴石上还刻有精致的狮子图案，它将会保护你远离疾病，身体健康，治愈所有的病痛，给你带来荣耀，远离旅途中所遇到的危险。

总之，石榴石值得你拥有。

石榴石家族是宝石世界最令人激动的一类宝石。作为少数不会经过优化处理的宝石，硬度相对较高（莫氏硬度 6.5~7.5），耐久且非常闪耀。石榴石中会出现很多种颜色（绿色、红色、黄色、橙色），相比上述已经介绍过的宝石，石榴石给珠宝贸易提供了更加丰富的选择和机会。根据种类、质量、大小，漂亮的石榴石价格从低于 40 美元每克拉至超过 5000 美元每克拉不等。石榴石也会和其他宝石相混淆，通常是那些昂贵的宝石。例如，沙弗莱石是世界上最美丽的宝石之一，但是很少会有人把它们当成极优质的祖母绿对待。事实上，沙弗莱石更加干净明亮且比祖母绿更加耐久。还有一种更加稀少的绿色石榴石，叫作翠榴石。翠榴石的价格比沙弗莱石价格高一点，尽管硬度比沙弗莱石稍低，但这种宝石可以展现更多的火彩（需要注意，低温加热可以改善翠榴石的颜色）。这些宝石为那些买不起祖母绿但又喜欢漂亮绿色宝石的人提供了很好的选择。尽管这两种宝石同样稀少且昂贵，但价格远比不上同等质量的祖母绿。不同色调的红色石榴石容易和一些类型的红宝石相混淆。黄色的石榴石容易和珍贵的帝王托帕石相混淆。

石榴石可以出现几乎所有的颜色和色调，包括稀少的变色石榴石，在白炽灯下是红色，在日光或日光灯下变为了蓝色（正常情况下不会出现）。最常见的是深红色的石榴石，还有棕红色和明亮酒红色的石榴石。其他的颜色包括橙色（橘色石榴石有浓艳的红橙色）、红紫色、紫色和粉色。钙铝榴石是一种不透明的石榴石，用来仿翡翠，制作成弧面型宝石或雕件时会被误认为翡翠。

实用小知识	
石榴石成分： 镁铝榴石/锰铝榴石：镁铝硅酸盐 铁铝榴石/钙铬榴石：铁铝硅酸盐 钙铝榴石(单晶)/沙弗莱石/钙铝榴石(集合体)：钙铝硅酸盐	**莫氏硬度：**6.5~7.5
重量：较重到重（比重：3.49~4.16）	**耐久性：**好到很好
光泽：较强到强	

世界上很多地方都有石榴石产出。稀少的沙弗莱石在肯尼亚（名字来源于肯尼亚的沙弗国家公园）和坦桑尼亚都有发现。最优质、浓艳的橘色石榴石产自纳米比亚，其他产地包括马达加斯加和巴基斯坦。还有一种橙棕色的石榴石在美国被发现。红紫色的星光石榴石产自美国，具有微弱的4射星光或6射星光，与6射星光的红宝石相似，但是星线没有红宝石的明显。

赤铁矿和白铁矿

有一种说法，赤铁矿对律师有很大帮助，它会使佩戴者保持“敏捷的思维，充沛的精神和在诉讼中取得胜利”，这种说法的起源已不可知。赤铁矿也被认为可以保持性冲动，如果你知道谁有这方面的问题，赤铁矿就是一个“体贴”的礼物。

赤铁矿一般见于铁矿区周围，化学成分是氧化铁（像铁锈），是一种金属矿物，不透明，具有非常明亮的金属光泽，抛光后像银一样，也会有近乎纯黑色的颜色或者铜蓝色。不论过去还是现在，赤铁矿经常会被雕刻成中空的浮雕肖像——凹雕。能被加工成首饰的赤铁矿产于巴西、加拿大、厄尔巴岛、英格兰、德国和委内瑞拉。

白铁矿，这种小的闪闪发光的具有黄铜色光泽的矿物经常出现在古董皮带扣和低档珠宝首饰中，是赤铁矿的一个同质多象[①]变体。在珠宝首饰中出现的绝大部分白铁矿并不是白铁矿，而是黄铁矿（愚人金）——另一种矿物。

实用小知识	
赤铁矿成分：氧化铁	**莫氏硬度：**6.5
重量：很重（比重：5.2）	**耐久性：**一般（佩戴时很容易划伤表面）
光泽：很强；非常闪耀	

堇青石

堇青石是一种透明的、通常情况下净度很高的蓝色宝石，颜色从深蓝变化到浅灰蓝色至带有黄色调的灰色，有时也被叫作“dichroite” 或“ cordierite”（都是堇青石）。蓝色的堇青石有时会被叫作水蓝宝石或山猫蓝宝石，这是一种美丽闪亮的

① 同质多象（polymorphism）指同种物质能以两种或两种以上的晶体结构存在的现象。——译者注

宝石，但是耐久性没有蓝宝石那么好（莫氏硬度 7~7.5）。堇青石的产地包括芬兰、德国、印度、马达加斯加、缅甸、纳米比亚、挪威、斯里兰卡和坦桑尼亚。这种宝石已在珠宝首饰中应用，它是一种很好的选择。堇青石产量丰富，价格一直很低，不久的将来将会是最受欢迎的珠宝选择之一。

实用小知识	
堇青石成分：镁铝硅酸盐	**莫氏硬度：**7~7.5
重量：轻（比重：2.57~2.66）	**耐久性：**一般到好
光泽：较强	

玉

玉一直备受中国人的推崇。中国古人相信白色的玉可以缓解肠胃不适，黑色的玉可以带给人力量和权力。在很早以前的记载中，中国皇权的象征就是一串玉珠。玉珠作为阶级和权力的一种象征，一直被中国人使用。玉还是中国婚礼仪式的重要组成部分（在中国传统文化中玉文化占据了很重要的地位），因为玉被认为是爱的精华。

尽管玉石莫氏硬度不是特别高，但非常坚韧，从半透明到不透明，常被用来制作首饰和雕件。玉实际上有两种——硬玉（翡翠）和软玉（和田玉），这两种是完全不同的矿物集合体，体现在比重、硬度、颜色上，但都被称作玉。

硬玉（翡翠）是一种昂贵且惹人喜爱的玉石品种。自 1740

年之后，翡翠就一直是深受中国人追捧的玉石。但是翡翠的产地并不是中国而是缅甸。危地马拉也出产一些好的翡翠。比起软玉，翡翠的颜色变化更加丰富，以绿色为主，有白色、紫色、红色、黄色和黑色等。事实上，翡翠几乎可以出现所有的颜色。翡翠的绿色变化非常丰富，可以从浅绿变化到漂亮的祖母绿色。除了绿色，其他颜色的翡翠经常会出现灰色调且颜色不均。翡翠中最受欢迎的颜色是浓艳的祖母绿色，有时被称为“帝王绿”。颜色均匀的翡翠价值很高，事实上，翡翠在今天可以被归为稀少宝石。颜色不太均匀的翡翠常被制成雕件，价值也相对较低。

软玉作为中国的传统玉石，历史悠久。软玉的莫氏硬度比翡翠略低（软玉是 6.5，翡翠是 7），但韧性好。在中国，人们习惯根据软玉的颜色将它分为白玉(包括羊脂玉)、青白玉、青玉、碧玉、墨玉等。软玉主要用来制作雕件和各种饰品。与优质的翡翠相比，软玉的绿色更接近灰绿色或暗绿色，因此显得更加稳重。软玉中的上等白玉称为“羊脂玉”，因洁白如羊脂而得名。

软玉在很多国家都有发现，包括美国。19 世纪晚期来到美国加州淘金的中国矿工发现了很多软玉原石，他们把发现的软玉带回中国切割雕刻。在美国怀俄明州、阿拉斯加州和加拿大的不列颠哥伦比亚省也很常见。

软玉比翡翠更常见，价格比翡翠要低，但依然是一种美丽的、非常受人们欢迎的玉石，大量应用于首饰和雕件中。

在购买翡翠和软玉时一定要非常小心。你经常看到的“帝王绿”翡翠可能只是一种经过染色的其他种类的廉价玉石，如染色石英岩。很多翡翠都会注胶或染色来提高价值。还有很多和翡翠、软玉相似的玉石品种，被冠以误导性的名称，当作翡翠、软玉销售。如“朝鲜玉”，这种玉的主要矿物组成是蛇纹石，硬度较低，呈现绿色，与一些种类的翡翠、软玉相似。事实上，很多玉雕作品都是蛇纹石，这种玉石很容易被小刀刻画。

对于玉石爱好者来说，滑石也是可以用来仿软玉的一个品种，特别是经过精雕细刻的滑石。滑石很软，可以轻易被针尖、发卡或是笔尖刻画。相比软玉，滑石非常廉价，更软，耐久性也更差。

实用小知识	
翡翠成分：主要由含钠的碱性辉石组成	**莫氏硬度：**7
重量：较重（比重：3.3~3.36）	**耐久性：**一般到好
光泽：较强；抛光后的光泽很强	
软玉成分：主要矿物组成为透闪石－阳起石类质同象[①]系列	**莫氏硬度：**6.5
重量：较重（比重：2.9~3.02）	**耐久性：**一般到好
光泽：较强；相比翡翠抛光后的光泽更柔和	

青金石

青金石是 12 月份（曾经是美国 12 月份的生辰石之一，现在有的国家也将它作为 9 月份的生辰石之一）的生辰石，从古巴比伦、

① 类质同象指在一种晶体的内部结构中，本来完全可由某种离子或原子占据的位置，部分地由性质类似的他种离子或原子所占据，共同形成均匀的、单一相的混合晶体的现象。——译者注

古埃及开始青金石就被视为珍宝。当把青金石做成眼睛的形状，再用黄金装饰时，就形成了“强大力量”的护身符。事实上，由于其强大的力量，有时这些护身符会被放置在木乃伊的手臂中。此外，青金石也被认为是地位、能力、成功的象征，也代表了神的青睐。

纯正的青金石具有浓艳、耀眼的深蓝色且不透明，有时出现小的、星散状的金黄色或银色的斑点（黄铁矿包裹体）。最优质的青金石拥有深蓝色或带紫色调的深蓝色，表面没有异色斑点。有时蓝色的青金石表面会出现斑驳的白色颗粒。最好的青金石产自阿富汗和阿根廷，俄罗斯、智利和加拿大也有产出。有时在美国也会发现青金石。

不要把青金石和便宜的“瑞士青金”或“意大利青金”这种根本不是青金石的东西弄混淆，这些石头（通常是石英）的颜色都经过了人工染色。真正的青金石有时会被称为“俄罗斯青金”，尽管很多时候这些青金石并不产于俄罗斯。

青金石非常流行，且最优质的青金石已变得越来越稀少且昂贵。造成这种现象的原因是大量的青金石经过了“颜色改善”。在今天，这种处理方法常用于其他种类的宝石中——珍珠、水晶、珊瑚，处理成引人注目的时尚首饰。

方钠石经常会被误认为优质的青金石，作为青金石仿制品出现。然而，方钠石很少有青金石中经常出现的银色或金色片状的黄铁矿；可能会有白色脉状物质，但是没有青金石上经常出现的其他异色物质。在这种青金石仿制品的边缘可以看到透过的光，但青金石不行，因为它是不透明的。

实用小知识	
青金石成分：以青金石为主并有其他矿物参与组成的集合体	**莫氏硬度：**5.5
重量：轻（比重：2.6~2.7）	**耐久性：**一般到好
光泽：强	

染色石英岩、玻璃和塑料的仿制品也很常见。一种快捷鉴定青金石的方法是将一滴盐酸滴到这些石头上，仿制品会马上散发出臭鸡蛋的味道。这种实验只能由专业人士来做，因为盐酸是一种危险的物质。

孔雀石和蓝铜矿

孔雀石是对母亲祈祷的回应。传说中，把孔雀石佩戴在孩子的脖子上可以减轻其拔牙时的痛苦。在分娩时，佩戴孔雀石可以确保分娩过程顺利，同时孔雀石也可以治愈眼疾。更重要的是，人们相信孔雀石能够抵御外邪入侵并带来好运。

孔雀石在今天也很受欢迎，也许因美丽的颜色和较软的硬度（莫氏硬度 3.5），孔雀石的雕刻作品更受欢迎。孔雀石是一种具有鲜亮黄绿色，由深浅不同的互层[①]呈现出同心状构造的含铜矿物。孔雀石不透明，抛光后的效果很好，但硬度低，不适合制作戒指。正是因为硬度低，孔雀石是一种特别适合雕刻以

① 互层是指两种岩层反复出现。——译者注

制作盒子、珠子、雕像、球体等的材料。孔雀石也经常被制作成胸针、坠饰和项链（通常是孔雀石珠子）。孔雀石出产于铜矿富集的地带。俄罗斯曾经是孔雀石最主要的产地，现在最主要的产地是刚果民主共和国。

蓝铜矿也是一种含铜矿物，具有浓艳的深蓝色，具有和孔雀石相似的条纹。有时孔雀石会和蓝铜矿共生，两种不同颜色的矿物混合在一起形成美丽的图案。“埃拉特石”就是一种由孔雀石和蓝铜矿组成，同时也含有硅孔雀石的岩石。

要特别注意，永远不要用含氨的物质清洁孔雀石或者蓝铜矿。氨在几秒钟内就会破坏孔雀石和蓝铜矿的表面抛光，严重影响宝石的外观。

实用小知识	
孔雀石成分：含水碳酸铜	**莫氏硬度：**3.5（软）
重量：重（比重：3.8）	**耐久性：**一般到差
光泽：强	
蓝铜矿成分：一种不稳定的碳酸铜	**莫氏硬度：**4（软）
重量：重（比重：3.77）	**耐久性：**一般
光泽：强	

黑曜岩

黑曜岩在墨西哥被广泛使用，可能是因抛光后的黑曜岩具有很好的光泽。墨西哥人将黑曜岩制作成恶神泰兹卡特里波卡

（Tezcatlipoca）的形象，并将抛光后的黑曜岩制成镜子来预测未来。黑曜岩在埃及也有产出，通常用来制作面具。自史前开始，黑曜岩就被用来制作工具和武器，比如箭头和其他类型的投射物。

黑曜岩是一种半透明到不透明的玻璃，颜色是棕色、黑色，或者是两种颜色的混合。黑曜岩是一种天然形成的玻璃，与人造玻璃不同，因火山活动形成，因此也被称为“火山玻璃”。黑曜岩中有一种雪花黑曜岩，其雪花一样的白色斑点和黑色基底形成鲜明对比，或者和黑色的基底混合。一些黑曜岩具有明显的晕彩，还有一些黑曜岩有内部闪光，就像在月光石中看到的一样。

黑曜岩在时尚首饰中很流行。制作成珠宝首饰的黑曜岩质量很好且价格便宜。墨西哥人和印第安人特别喜欢由黑曜岩制成的首饰，在西方和墨西哥地区可以看到大量黑曜岩首饰。现在大多数黑曜岩产自美国北部和中部。在佩戴黑曜岩的时候一定要小心，因为黑曜岩是玻璃（莫氏硬度 5），很容易被划伤或者破碎。

实用小知识	
黑曜岩成分：以二氧化硅为主	**莫氏硬度：**5（软）
重量：很轻（比重：2.33~2.42）	**耐久性：**一般
光泽：较强	

缟玛瑙

缟玛瑙并不是一种可以预示好兆头的宝石，特别是对年轻的恋人来说，缟玛瑙会引起情侣间的争吵并拆散他们。据说把缟玛瑙佩戴在脖子上会使恋人间的热情冷却。缟玛瑙上排列紧密、颜色分明的黑白条带代表了缟玛瑙和浪漫间的联系。人们通常认为缟玛瑙会引起纠纷，使朋友不和，让佩戴者做噩梦，连连惊醒，还有让怀孕的妇人早产。

但并不是所有人都认为缟玛瑙是一种不祥的宝石。在印度和伊朗，人们相信佩戴缟玛瑙可以保护他们远离邪恶，将缟玛瑙放置在生产中的妇人的肚子上可以减轻分娩的痛苦，使婴儿顺利降生。所以一切都是你的选择——好运之石或厄运之石。

缟玛瑙是一种漂亮的、有条带的，从半透明至不透明的隐晶质石英，具有天然形成的多种颜色——红色、橙色、红橙色、杏黄色、淡黄褐色至深棕色，这些颜色和白色条带交替出现形成美丽的图案。缟玛瑙的条带是平直的，尽管出现弯曲条带的石英也被看作玛瑙。玛瑙经常会被染色。

常用作首饰的“黑色缟玛瑙”不是缟玛瑙，黑色也不是天然形成的。这是一种玉髓（另一种隐晶质石英集合体）经过染色制成的。“黑色缟玛瑙”通常都是染色的，呈条带状或者纯黑色。

不要把缟玛瑙和洞穴玛瑙弄混淆。洞穴玛瑙是出产在地下洞穴中的钟乳石和石笋中的一种物质。洞穴玛瑙的成分和缟玛瑙不同，这种宝石硬度更低，缺少颜色的变化，价格远低于石英质的缟玛瑙。

实用小知识

缟玛瑙成分：二氧化硅	**莫氏硬度：**7
重量：轻（比重：2.61）	**耐久性：**好
光泽：中等	

欧泊

欧泊曾经被当成邪恶之石和会带来病魔的宝石。“不幸会降临在佩戴者的身上”，这样的厄运传闻一直围绕着这种美丽的宝石。但是欧泊会带来厄运的传闻从来没有被证实过，这种传闻产生的原因可能是读了沃尔特·司各特（Walter Scott）爵士的小说《盖厄斯坦的安妮》（*Anne of Geierstein*），小说中不幸的女主角在死亡之前收到了一颗欧泊。

在古代，欧泊是忠诚和信任的象征，并且在之后的历史中又被赋予了强烈的宗教情感和信仰。人们相信欧泊对眼疾有强大的治疗功效，佩戴欧泊作为护身符可以保护佩戴者不受眼疾的困扰，并且能提高眼睛和心灵的敏锐程度。此外，很多人相信同时看见红色和绿色（红宝石和祖母绿的颜色）的欧泊可以治愈疾病（红宝石能止血和祖母绿能治愈肾脏疾病）。黑欧泊作为一种只有特别幸运的人才能拥有的幸运石而受珍视！

这种闪耀、充满生机的多彩宝石就像是从天而降的彩虹，也是 10 月份的生辰石。当我们尝试去描写欧泊的时候，会觉得语言太过贫乏。欧泊也是宝石中的奇葩，各种颜色交相辉映，形成了微观彩虹般夺目的效果。

欧泊最显著的特点就是独特的变彩效应。这种变彩效应是由于欧泊与其他宝石不同的形成过程。欧泊是由含水的二氧化硅小球组成的。小球之间发生光的干涉作用造成了我们在大多数欧泊中可以看到的微观彩虹(变彩效应)。小球的不同大小和排列形式决定了欧泊的变彩。

欧泊经常被切割成平面或者弧面型。宝石切割成刻面型的目的是展示更多的光泽，但对欧泊来说没有什么用。欧泊的变彩是最重要的质量因素。变彩越闪耀，欧泊的价值越高。“颜色越美丽，宝石价格就越昂贵”这句话在欧泊中体现得更充分。但是欧泊相对较软（莫氏硬度 5.5~6.5），所以需要被小心对待。

欧泊通常由体色进行分类——浅色或暗色，还有透明度。体色不是指之前提到的变彩，而是基底的色调，可以是无色或白色，各种灰色，或是黑色。“浅色欧泊”包括各种色调至中灰色底色的欧泊；“暗色欧泊”包括深灰色至黑色底色的欧泊。

欧泊的透明度变化很大，可以从不透明至半透明至透明。半透明或者透明、看上去非常清澈的欧泊被称为“晶体欧泊”——欧泊表面和内部一定能看到变彩。当欧泊看上去雾蒙蒙时，我们就称它为“冻胶状欧泊”。你可能听过类似半晶体或半冻胶状这种来描述欧泊透明度的词汇。火欧泊是一种具有浓艳红橙色的晶体欧泊或者冻胶状欧泊。

大多数人提到欧泊时最先想到的就是白欧泊，但是内行人会寻找欧泊中最稀少的黑欧泊。黑欧泊的底色通常是深灰色或灰黑色，深色基底上极其闪耀的变彩会随着转动在宝石上跃动。在购买黑欧泊时一定要小心，一定要确保所购买的黑欧泊不是二层或者三层拼合石：一种由两种或者三种材料黏合在一起的宝石。由于黑欧泊稀少，美丽且昂贵，市场上有很多这样的二层石，如今一块青豆大小的黑欧泊售价可达 25000 美元。拼合黑欧泊给那些喜欢这种宝石但又不能支付一颗天然黑欧泊价格的人提供了选择，但同时又给那些用拼合欧泊误导消费者售以高价的人钻了空子。

总的来说，体色是否均匀，有无死角，有无瑕疵，颜色的亮度和透明度都是影响欧泊价值的主要因素。无论是浅色欧泊还是暗色欧泊，具有丰富红色变彩的欧泊通常价值不菲；那些具有浓艳蓝色和绿色变彩的欧泊同样美丽，但是由于没有红色变彩那么稀少，价格相对较低。最稀少的欧泊应该是“彩纹欧泊”，这种欧泊的变彩斑块就像是西洋棋盘，极其昂贵。澳大利亚是各个种类欧泊的最主要产区，南非、巴西、捷克、墨西哥和美国也有欧泊产出。

尽管合成欧泊被大量应用，多数欧泊替代品和合成欧泊就质量来说并不值得人们考虑。黑欧泊的颜色经过优化处理可以得到改善，所以经过处理的欧泊也很常见。购买欧泊时要注意确定你购买的是什么，并且一定要在购买之前货比三家。相比其他宝石，这种方法对于购买欧泊来说更有用。

这里要提前提醒消费者：欧泊需要小心照料，因为一些欧泊容易失水和开裂。避免把欧泊和有干燥作用的东西放在一起，把你的欧泊浸没在水中可以预防欧泊碎裂。此外，人们过去认为用油定期擦拭欧泊可以起到保护作用，但这是不正确的，这会毁掉大多数的欧泊。永远不要用油擦欧泊或者把欧泊浸没在油中，因为把某些欧泊浸没在油中仅仅几个小时就会使欧泊的变彩减弱甚至完全消失。

实用小知识

欧泊成分：含水二氧化硅	**莫氏硬度：**5.5~6.5
重量：很轻（比重：1.98~2.2）	**耐久性：**一般到好
光泽：从弱到强	

橄榄石

作为 8 月份的生辰石，橄榄石在古代也是人们最喜爱的宝石之一。这种漂亮的黄绿色至深查特酒色的透明宝石是一种具有强大力量的宝石。它被认为是友谊的急救药，可以消除嫉妒（可能这就是橄榄石是友谊的急救药的原因）。因为它的颜色是黄绿色的，所以又被认为可以预防肝脏疾病和浮肿。如果这些还不够，佩戴橄榄石在左手还可以抵御外邪入侵。

橄榄石在今天也很受欢迎，比起人们所说的力量，大多是因其漂亮的绿色调。尽管橄榄石并没有那么闪耀，但是橄榄石天生具有浓艳的颜色，这令它脱颖而出。橄榄石是少数不会经过优化处理的宝石之一。这种宝石具有黄绿色至更深更纯净的绿色，但更深更纯净的绿色橄榄石太稀少了，很少有人见过它，所以这种颜色的橄榄石价值很高。但是新发现的橄榄石资源可能改变这种状况。今天橄榄石的产地包括美国亚利桑那州、墨西哥、缅甸、挪威、巴基斯坦、俄罗斯和斯里兰卡。

小颗粒的橄榄石很常见，但大颗粒的橄榄石已经变得越来越稀少，所以大颗粒的优质橄榄石价格很高。

佩戴橄榄石需要注意：这是一种中等硬度的宝石（莫氏硬

度 6.5~7），很容易碎裂和被划伤；一些宝石——像绿色蓝宝石和绿色碧玺——看上去和橄榄石相似，可能被误认为或当作橄榄石销售。

实用小知识	
橄榄石成分：镁橄榄石－铁橄榄石完全类质同象系列中可用作宝石的材料	**莫氏硬度：**6.5~7
重量：较高（比重：3.34）	**耐久性：**一般到好
光泽：中等到强	

草莓红绿柱石

如果你喜欢粉色，这就是一种你一定要知道的宝石。草莓红绿柱石（Pezzottaite）是 2002 年在马达加斯加新发现的，现已被证实的产地还有阿富汗。它的名字以 2003 年第一批研究这种新宝石的意大利矿物学家之一费代里科·佩佐塔（Federico Pezzotta）的名字命名，以纪念他在马达加斯加矿物学研究所作的贡献。

这种宝石是一种新的绿柱石，和绿柱石家族中其他宝石很相似。最初这种宝石被认为是摩根石（粉色绿柱石），但草莓红绿柱石的结晶与摩根石不同且具有不同的物理和光学性质，它更加闪耀，比重也更大。在某些方面，草莓红绿柱石更接近粉色碧玺，而且也很容易将它和粉色碧玺相混淆，但是经过详细的宝石学测试我们可以很容易分辨这两种宝石。草莓红绿柱石可以出现非常漂亮的粉色调，通常会有浅的紫色底色。一些弧面型草莓红绿柱石可以展现强烈的猫眼效应。在耐久性方面，它和绿柱石家族其他成员相似。受目前供应的限制，草莓红绿柱石的可销售性不高。随着更精良生产技术的运用以及新产地的发现，这种状况会有所改变。

实用小知识	
草莓红绿柱石成分： 铯铝硅酸盐	**莫氏硬度：** 7.5~8
重量： 较重（比重：3.09~3.14）	**耐久性：** 一般到好
光泽： 较强	

石英

作为宝石家族里种类最丰富的一种宝石，石英的家族成员非常多。难怪在宝石业中有一句老话——“如果你对一颗宝石有疑问，它可能就是石英了”。

大多数情况下，不论是透明还是不透明，半透明到不透明的石英都可以为人们提供丰富的颜色选择，且价格相对便宜。这是一种相对较坚硬的宝石（莫氏硬度 7）。尽管透明的石英光泽并不是很强，但还是可以制作成美丽且价格又能被人们接受的首饰。

其中一些种类的石英我们已经分开讨论过了，因此在这里列出石英家族的大多数成员进行简单介绍。

透明种类：

紫晶 颜色从淡紫到深紫。

黄晶　经常被称为石英托帕石、黄晶托帕石或者托帕石，这些称呼都是不正确的。这种宝石的正确名称是黄晶。这种宝石具有柠檬黄色至蛋黄色至橙琥珀色或棕琥珀色。黄晶可能是今天市场上最常见的，但不幸的是，很多人总把黄晶和黄色托帕石相混淆。作为一种颜色漂亮和相对耐久的宝石，黄晶在硬度和光泽上都逊于黄色托帕石。黄晶同样缺少托帕石轻微的色调，粉黄色或粉琥珀色的托帕石和黄晶在颜色上完全不同。大多数黄晶都是由紫晶经热处理改色而成的。

黄晶的价格要比托帕石低得多。永远不应该把黄晶错当成帝王托帕石，不幸的是，这种情况经常出现。比如“托帕”生辰石首饰就经常是用黄晶（或合成黄晶）制成的。所以一定要问清卖家是黄晶还是黄色托帕石，当告知是黄色托帕石时，你一定要把答案写下来。

各种大小的黄晶很常见。用小投资购买的大颗粒黄晶，可以制成非常美丽的首饰。相较之下，超过 7 克拉的优质黄色托帕石很稀少，且价格非常昂贵。

紫黄晶　是一种美丽的，同时具有紫晶和黄晶两种颜色的水晶。玻利维亚是天然紫黄晶产地。实验室也可以生产合成紫黄晶。

绿水晶　是一种由紫晶加热形成的灰绿色的透明水晶。

水晶　像水一样清澈透明。在古董首饰中，它被制成像甜甜圈一样的圆形切片。刻面白水晶珠在旧首饰中也很常见。在今天，“水晶”通常指玻璃。

蔷薇石英　是一种浅粉到深粉色的水晶。这种水晶用在雕件中已经流行了很多年——珠子、雕像、烟灰缸、精致的灯笼底座、别针和胸针。蔷薇石英很少有非常干净的，通常被切割成弧面型、圆珠，或者用于雕刻而非切成刻面。蔷薇石英价格曾经很便宜，但现在变得越来越贵，特别是优质的深粉色品种。蔷薇石英的颜色非常讨人喜欢，是时尚首饰的一个非常完美的选择。

你一定要小心蔷薇石英：如果受到撞击或打击，它比其他种类的石英易碎。包裹体或者内部的愈合裂隙降低了宝石净度的同时，也使它变得更易碎。

烟晶 是一种灰色至深烟棕色的水晶，有时会被误认为或有意当作烟色托帕石售卖。烟晶产量丰富，日渐流行。大颗粒烟晶制成的美丽胸针、晚宴戒指广受欢迎。

半透明至不透明的种类：

玛瑙和玉髓 可以出现所有颜色，所有种类的花纹都可以在这种美丽的装饰宝石上出现。你可以见到：缟玛瑙；苔藓玛瑙，一种迷人的在白色或奶白色的底色上具有黑色、棕色或绿色水草图案的玛瑙；眼玛瑙，一种有眼球效果的玛瑙；羽毛状玛瑙，看上去就像充满了美丽的羽毛。尽管玛瑙大多情况下较便宜，但一些种类的玛瑙或具有特殊图案或斑纹的玛瑙非常昂贵。

红玉髓和缠丝玛瑙 是红色、橙色、杏黄色和棕色种类的玉髓，在浮雕或其他雕刻作品中较常见。黑色缟玛瑙是一种染色玉髓；绿玉髓是一种绿色的玉髓，其绿色通常经过了染色处理。

因不同寻常的颜色和图案，玛瑙自古以来被人珍视和崇敬，直到今天也是这样。普林尼说，玛瑙可以令佩戴者“和蔼可亲且令人信服，得到上帝的眷顾”。玛瑙的其他好处包括给佩戴者带来胜利和力量，也可以在暴风闪电中起到保护作用，令佩戴者克服所有的地域障碍，拥有一颗勇敢的心。

佩戴玛瑙还可以治疗失眠，保证好的睡眠。从 19 世纪中期至今，世界上一些地方仍旧用眼玛瑙（棕色或黑色玛瑙的中心有一个白色的圆圈）制作护身符，这种护身符太受欢迎，以至于让德国玛瑙切割师几乎没有时间切割其他宝石。人们认为“眼睛”承担了守护神的角色，可抵御外邪入侵。曾经一段时间，这种护身符卖到了令人惊叹的价格。

不论它真实的力量是什么，它都是一种迷人的宝石，令人迷醉，我们经常在古董珠宝和现代首饰中见到。在佩戴时一定要非常小心，不要让宝石受到磕碰，因为一些种类的玛瑙较其他种类的石英更易碎。玛瑙经常被染色，询问卖家颜色是否天然非常重要，要确定这不是一颗廉价的只是经过染色才看上去比较特别的宝石。

东陵石 是一种浅绿至中等程度绿色、具有闪闪发光的云母片的半透明宝石。这种宝石制成弧面型或者珠子的价格都能让人接受。东陵石有时会被误认为是翡翠，尽管有时云母片特别小，不容易观察到，但其存在可以给快速准确鉴定东陵石提供可靠的证据。要注意的是，市场上也有一些很好的绿色玻璃仿东陵石。

血玉髓（红斑绿玉髓） 是一种深绿色的、上面有血红色斑点的石英质玉石。

石英猫眼 是一种浅黄绿色，当切割成弧面型时在宝石中心可以产生一条亮线的具有猫眼效应的石英。产生这种现象的原因是宝石内部含有纤维状包裹体。这种宝石的眼线亮度、颜色浓度和价格都远低于真正的猫眼——金绿宝石家族成员。但无论如何，这都是一种可以被制成价格合理又有吸引力的首饰的宝石。

硅孔雀石 是一种含铜的隐晶质块状集合体，莫氏硬度一般为 2~4，但含硅高时可达到 6，所以并非所有的硅孔雀石都不适合用来制作首饰。目前市场上也可以见到一些由硅孔雀石制作的吊坠、珠串等饰品。石英可以跟硅孔雀石共生在一起，从而使这种矿物集合体同时具有好的硬度和同样明亮清澈的蓝绿色。用硅孔雀石制作首饰变得越来越流行，它的价格反映了人们对于硅孔雀石需求量的增加。

绿玉髓 是一种亮绿色至深绿色的半透明宝石，颜色通常很均匀。有时会作为翡翠仿制品，容易跟翡翠相混淆。

碧玉 是一种不透明的红色、黄色、绿色或棕色（有时是灰色）的玉石。绿色会和其他颜色的斑点或脉状图案形成鲜明对比，独具特色。在超过 50 种不同颜色和图案的碧玉中，红色和绿色组合的碧玉最受欢迎。

古代文化中，人们相信碧玉具有神力，可以带来降雨，保护佩戴者不被有毒的生物袭击。人们也相信碧玉拥有与颜色和纹理一样多变的力量，所以很多人佩戴碧玉。

碧玉拥有非常有趣的颜色组合和种类，广泛应用在今天的时尚首饰中。

硅化木 是树木被二氧化硅置换并在极度高压下长期淹没在富含硅的水中形成的产物。颜色通常是红色、红棕色或棕色，在珠宝首饰中不常见。

虎睛石 是一种具有金黄色、黄色、红色，有时是蓝色的宝石，被切割成弧面型时能产生一条闪烁的亮线，具有猫眼效应，当转动时眼线也会移动。这种宝石价格便宜，在时尚首饰、男士袖扣和戒指中经常用到。蓝色的虎睛石被称为“鹰眼石”。

实用小知识	
石英成分：二氧化硅	**莫氏硬度：**7
重量：轻（比重：2.61~2.65）	**耐久性：**好
光泽：较强	

菱锰矿

尽管菱锰矿被地质学家寻找多年，也受入门珠宝商的喜爱，但菱锰矿只是偶尔出现在矿物展上。作为一种碳酸盐矿物，菱锰矿是一种相对较软的宝石，透明的菱锰矿很稀少，通常出现的都是不透明的菱锰矿。从实用的角度出发，我们在后面章节会介绍更常见的菱锰矿类型。

菱锰矿的特征是各种色调的红色或粉色底色上具有像玛瑙一样的红色至近白色的弯曲条纹，有时菱锰矿会出现橙色的底色，但这是质量较差的菱锰矿。菱锰矿最好的颜色是中到深的蔷薇色，最好上面有弯曲的条纹。菱锰矿的主要产地是美国。

作为一种装饰材料（圆球、盒子、蛋形饰物），菱锰矿一直很受欢迎，随后被用在珠宝首饰中。今天，由菱锰矿和其他宝石或黄金的珠子交替出现制成的项链变得特别受欢迎。我们将会在市场上看到越来越多的菱锰矿。菱锰矿较软，所以在佩戴由菱锰矿制成的配饰时一定要小心，不要随意使用。

实用小知识	
菱锰矿成分：碳酸锰	**莫氏硬度：**4（软）
重量：很重（比重：5.2）	**耐久性：**一般到好
光泽：中等	

方柱石

这是一种非常有趣的宝石，产量上升后越来越多地出现在珠宝首饰上。方柱石最初产于马达加斯加、缅甸和加拿大，之后在巴西有新发现，肯尼亚也有新的方柱石产出。方柱石是一种漂亮、透明、相对耐久（莫氏硬度 6.0），可以出现无色至黄色、浅红色、橙色、绿灰色、蓝灰色、紫色和紫蓝色的宝石。橙色、浅红色和近无色的半透明方柱石被切割成弧面型时可以出现猫眼效应。

最常出现在珠宝首饰中的是紫色和黄色方柱石，还有黄色的方柱石猫眼。方柱石可能会被误认为黄色金绿宝石或者黄晶和紫晶。

但是我们还要等一等，看看这种宝石的发展趋势，它的产量决定了这种宝石的未来和价格。

实用小知识	
方柱石成分：复杂的硅酸盐	**莫氏硬度：**6
重量：轻（比重：2.7）	**耐久性：**一般
光泽：中等	

蛇纹石

蛇纹石的名字来源于像蛇皮一样的外观。佩戴蛇纹石的护身符可以不受蛇类、有毒的爬行动物和其他毒物的攻击。一位国王就因蛇纹石酒杯而著名。人们相信把有毒的东西放入蛇纹石制作的容器中，容器外部会产生水珠。用蛇纹石制作的容器喝药，药效也会增强。

蛇纹石经常作为翡翠和软玉的替代品出现。这是一种半透明到微透明，经常出现浅至深的黄绿色至绿黄色的宝石。有一种蛇纹石被用来装饰墙面、桌子和柜台的表面，但是一些更加吸引人的接近翡翠和软玉的绿色蛇纹石常用于雕刻和珠宝首饰中，也经常被误认为玉石。普通的蛇纹石有时也会被染成翡翠或软玉的颜色。有一种非常漂亮的绿色蛇纹石——蛇玉纹石（威廉玉），具有非常迷人的深绿色，上面经常散布着小黑片，作为“宾夕法尼亚玉”售卖。威廉玉很漂亮，但并不是软玉或者翡翠。另一种蛇纹石——鲍文玉，今天作为“朝鲜玉”售卖，尽管也很漂亮，但也不是我们所说的翡翠和软玉。蛇纹石比软玉和翡翠的硬度低，耐久性稍差，也更常见，从价格上就可以看出这一点。蛇纹石的产地包括阿富汗、中国、英格兰、意大利、新西兰、南非和美国。

这是一种美丽的宝石，也是翡翠和软玉的替代品。尽管这种宝石的历史很悠久（经常被当作翡翠或者软玉），但它被应用于项链和其他形式的珠宝首饰中的时间并不长。

实用小知识	
蛇纹石成分：含镁水硅酸盐	**莫氏硬度：**5
重量：轻（比重：2.58~2.62）	**耐久性：**一般到好
光泽：中等	

方钠石

这种宝石在介绍青金石的时候已经讨论过了。这是一种深蓝色半透明至微透明的宝石，常作为较稀少、昂贵的青金石仿制品出现。尽管方钠石同样有白色的细脉，但并没有青金石特征的金黄色或银白色黄铁矿小片。如果你没有看到那些闪耀的小片，就要怀疑这颗石头是不是青金石[1]。方钠石主要的商业产地在加拿大的安大略省。有时这种宝石也被称作“公主蓝”，因为这种宝石是玛格丽特公主（Margaret Rose）来这里时发现的。其他产地包括巴西、印度、纳米比亚和美国。

实用小知识	
方钠石成分：钠铝硅酸盐	**莫氏硬度：**5.5（软）
重量：轻（比重 2.27）	**耐久性：**一般到好
光泽：较强	

① 原文为方钠石，疑原文有误。——译者注

榍石

榍石是另一种出现在珠宝市场上的“新”宝石，给珠宝贸易提供了一些新的可能性。尽管近几年榍石一直被人们重视，但相对稀缺而不能在珠宝首饰中广泛应用。随着现在榍石新产地的发现，我们未来可以见到更多的榍石进入市场。今天榍石的主要产地是巴西和马达加斯加，但澳大利亚、加拿大、墨西哥和瑞士也都有产出。

这是一种非常美丽闪耀的宝石，具有像钻石一样的光泽，其火彩甚至比钻石还要强烈。不幸的是，这种宝石的硬度较低。榍石的颜色是草绿色至金黄色至棕色。

榍石的硬度相对较低（莫氏硬度 5~5.5），所以佩戴时要格外小心。这种宝石特别适合制作成坠饰、耳饰、胸针和不太容易磨损的戒指。

实用小知识	
榍石成分：钙钛硅酸盐	**莫氏硬度：**5~5.5（软）
重量：重（比重：3.53）	**耐久性：**一般
光泽：较强	

尖晶石

尖晶石是世界上最美丽的宝石之一。它经常被用来与红蓝宝石比较，却不因自身的美丽和价值而受到重视。这里有一种普遍的观念，尖晶石（还有锆石）是一种合成品而不是天然形成的宝石，这种错误观念的源头很可能来自市场上经常看到的合成尖晶石，而天然尖晶石较少见。事实上它们是自然界形成的最美丽的宝石之一。

尖晶石是目前极少数不会经过优化处理的几种宝石之一。尖晶石可以出现红橙色、浅至深的橙红色、浅至深的灰蓝色、绿蓝色、灰绿色和浅至深的紫色。黄色和不透明的尖晶石——黑色尖晶石也有出现。当和蓝宝石、红宝石比较的时候，尖晶石的颜色通常被认为不够浓艳（尽管一些红色尖晶石极像今天市场上的一些红宝石），但它的光泽更强。如果你是因尖晶石本身的颜色而喜欢它，它就是非常迷人的宝石。尖晶石最受欢迎的颜色是红色（比起红宝石的红色多了一点红橙色调）和蓝色。

最著名的一颗尖晶石是镶在英国王室王冠上的“黑太子红宝石”，后来被发现是红色尖晶石！纵观其历史，天然尖晶石常被误认为其他种类的宝石——价值或高或低，包括红宝石、蓝宝石、锆石、紫晶、石榴石、合成红宝石/蓝宝石，甚至是玻璃。令事情变得更复杂的是，合成尖晶石被用来制作拼合宝石，例如祖母绿二层石。

尖晶石比较坚硬（莫氏硬度8），耐久性较好，有明亮的光泽和自己的特性。尖晶石可以出现非常美丽的颜色，这样的尖晶石价值不菲。尖晶石最主要的产地是马达加斯加、缅甸和斯里兰卡，其他的产地包括阿富汗、澳大利亚、巴西、意大利、巴基斯坦、俄罗斯、瑞典、土耳其和美国。

随着越来越多的人了解这种美丽的宝石，尖晶石的价格会突飞猛进。现在我们已经看到了价格的增长。

实用小知识	
尖晶石成分：镁铝氧化物	**莫氏硬度：**8
重量：重（比重：3.6）	**耐久性：**好至很好
光泽：强	

锂辉石（紫锂辉石和翠铬锂辉石）

锂辉石是另一种应用于珠宝首饰中时间较短的宝石。其中最受欢迎的种类是紫锂辉石（Kunzite）和翠铬锂辉石（希登石）。紫锂辉石以著名的美国宝石学家乔治·F. 孔兹的名字命名，翠铬锂辉石以另外一名在南加州发现这种绿色种类锂辉石的美国宝石学家威廉·厄尔·希登（William Earl Hidden）的名字命名，同时发现这种宝石的地区现在也沿用了希登的名字。

紫锂辉石　是一种非常明艳的宝石，具有浅的紫罗兰色、粉色或紫色，在强光的照耀下这种宝石的颜色会褪色，因此也被称为“黄昏石”。尽管这是一种相对坚硬的宝石（莫氏硬度6~7），但其脆性很大，在特定的角度受到敲击很容易破碎，不适合制作成戒指，除非采用具有保护作用的镶嵌方法。但它仍旧是一种很迷人的宝石。因为价格较低，所以人颗粒的紫锂辉石很吸引人，同时也是引人注目的珠宝设计的好选择。

翠铬锂辉石　相对稀少。浅绿色或黄绿色的翠铬锂辉石较常见，翠绿色的翠铬锂辉石就更稀少，和紫锂辉石一样，翠铬锂辉石的硬度较高但易碎，佩戴时一定要小心。

锂辉石还可以出现多种其他颜色，所有的颜色都较浅但非常干净，光泽也很强。目前没有发现蓝色锂辉石（但谁知道我们会不会在世界的某个地方发现它）。紫锂辉石和翠铬锂辉石的主要产地有巴西、马达加斯加、缅甸和巴基斯坦，但加拿大、墨西哥、俄罗斯、瑞典和美国也有产出。

锂辉石价格还较低，是当代首饰的一个极好选择。但要注意，这种宝石经常会被误认为并作为价格更高的托帕石、碧玺、尖晶石或者绿柱石售卖。合成刚玉和合成尖晶石也可能被误认为锂辉石。

实用小知识

锂辉石成分： 锂铝硅酸盐	**莫氏硬度：** 6~7
重量： 偏重（比重：3.18）	**耐久性：** 一般到好
光泽： 强	

苏纪石

这种宝石是以发现者日本岩石学家杉健一（Kenichi Sugi）的名字命名，20 世纪 70 年代的一次珠宝展是苏纪石（又叫舒俱来）的首次亮相，用皇家紫和皇家薰衣紫的名字进行销售。在今天，苏纪石最为人所知的是其独特的、美丽浓艳的深紫色至紫红色。这是一种不透明的宝石，常被切割成弧面型和珠子，同时也经常被顶级艺术家用于镶嵌工艺（拼花镶嵌）。苏纪石是一种含锰的矿物，大部分苏纪石产自非洲。具有最好颜色的苏纪石变得越来越稀少，所以很难预测这种宝石家族新成员的未来。

实用小知识	
苏纪石成分：复杂的硅酸盐	**莫氏硬度：**6~6.5
重量：中等偏轻（比重：2.74~2.8）	**耐久性：**一般到好
光泽：中等	

坦桑石

详见后面黝帘石内容。

托帕石

托帕石（黄玉），11 月份的生辰石，是爱和情感的象征，漂亮且用途广泛，是自然界最了不起也最鲜为人知的宝石家族之一。托帕石在珠宝店很少能看到。大多数人只知道石英（黄晶）或者玻璃，在过去，几乎所有的黄色宝石都被称为“黄玉”。托帕石硬度很高，颜色丰富，比重超过相似宝石。

托帕石不仅有透明的黄色、褐黄色、橙棕色、棕色、粉红色，现在还发现了浅至中等程度的红色天然托帕石，尽管这些颜色大多是通过热处理产生的。经过热处理，托帕石也有浅到中等程度的蓝色。其他颜色还包括淡绿色、带淡绿色调的淡黄色、紫罗兰色和无色等。扩散处理的托帕石也可产生中到深的绿色和蓝绿色。

蓝色托帕石近年来非常流行，大多经过处理，但处理手段现在还很难检测。蓝色托帕石与质量最好的海蓝宝石很相似，可以作为海蓝宝石的廉价替代品。根据美国核管理委员会（Nuclear Regulatory Commission，NRC）的报告，一些经辐照处理的深蓝色托帕石具有放射性，可能对佩戴者造成伤害。因此，在美国出售的所有蓝色托帕石都必须测试辐射水平。GIA 现在可以提供这项服务。然而，当你在其他一些国家购买蓝色托帕石时要特别谨慎小心。

此外，市场上还有很多误导性的名称，让你误认为一颗宝石是托帕石，尽管它并不是，如“里约托帕石”“马德拉托帕石”“西班牙托帕石”和“帕尔梅拉托帕石”，它们都属于黄晶（石英）。

实用小知识

托帕石成分：铝氟硅酸盐	**莫氏硬度：**8
重量：重（比重：3.54）	**耐久性：**好
光泽：强	

托帕石家族为可爱、纯净、闪耀且耐久（莫氏硬度 8）的宝石提供了多种颜色的选择。宝石级托帕石在非洲、澳大利亚、巴西、日本、墨西哥、缅甸、巴基斯坦、俄罗斯、斯里兰卡和塔斯马尼亚岛均有产出。粉色托帕石的主要产地有巴西、巴基斯坦和俄罗斯。托帕石家族将更加流行。

碧玺

碧玺是一种当代宝石，成了 10 月份的“替代生辰石”。也许这一荣誉应当归功于碧玺种类繁多且色彩丰富，或者因为红绿双色碧玺——在一颗宝石中一端呈红色一端呈绿色，就像10月份叶子颜色的变化。

无论何种原因，碧玺是宝石家族中最复杂的一种。它可以呈现大自然中几乎所有的颜色，以及从柔和到浓重的各种色调，甚至可以在同一颗晶体上依次出现两种或更多的颜色，如双色碧玺（如一半红色，一半绿色）和三色碧玺（1/3蓝色和1/3绿色，还有1/3其他颜色）。迷人的“西瓜”碧玺看起来就像西瓜的内部：中央是红色，被绿色的“外皮”包围。有一种稀有的“杂色”品种（超过三种颜色）叫作钙锂电气石。碧玺以颜色繁多和酷似奔驰标志的三角形横截面而著称。此外，碧玺还有猫眼品种。

巴西帕拉伊巴碧玺的发现是20世纪宝石学最重大的发现之一。这些被叫作“帕拉伊巴”的特殊的美丽宝石，颜色特别浓郁，且有色调丰富的绿色、蓝色和淡紫色，因此被称为“霓虹碧玺”。不幸的是，这种特殊的碧玺遭到了空前的破坏，供应大大减少。结果就是最优质的帕拉伊巴碧玺非常昂贵，有些价格甚至与最优质的蓝宝石和祖母绿相当。现在市场上有许多仿制品，我已发现将磷灰石当作帕拉伊巴碧玺出售的例子，那是一种颜色与帕拉伊巴相近的普通且廉价的宝石，但硬度过低，不适用于大多数的首饰。

大多数人仅仅将碧玺视为一种普通的绿色石头，没有比这更具误导性的了。现在，我们终于在珠宝市场上看到这种迷人宝石的其他品种。除了激动人心的帕拉伊巴，还包括以下流行品种：

· 铬碧玺——一种十分独特稀有的亮绿色碧玺。
· 蓝碧玺——深靛蓝色，经常带有浅绿色调的碧玺。
· 红碧玺——深粉到红色，接近红宝石颜色的碧玺。

尽管许多碧玺品种十分廉价，铬碧玺、蓝碧玺和红碧玺的克拉单价（取决于大小和品质）却介于300~1000美元之间。无与伦比的1克拉顶级品质帕拉伊巴碧玺的价格可达10000~20000美元；3克拉顶级品质的帕拉伊巴碧玺非常稀有，最高克拉单价可达35000~45000美元。

碧玺是一种色彩丰富、中等硬度（莫氏硬度7~7.5）、耐久、闪耀且耐磨损的宝石，在澳大利亚、巴西、东非、马达加斯加、墨西哥、缅甸、尼日利亚、巴基斯坦、俄罗斯、南非、斯里兰卡、坦桑尼亚，以及美国（加利福尼亚州和缅因州是优质碧玺的重要产地）均有产出。碧玺无疑将在未来的珠宝市场扮演越来越重要的角色。

实用小知识	
碧玺成分：复杂的硼硅酸盐	**莫氏硬度：**7~7.5
重量：中等（比重：3.06）	**耐久性：**好到极好
光泽：强	

绿松石

绿松石——也叫“土耳其玉”，在亚洲和非洲很受欢迎，是 12 月份的生辰石之一，在所有不透明宝石中等级最高，不仅仅是因为它独特的蓝色调（一种漂亮的天空蓝或欧鸲蛋青色），还因被认为具有预防及治疗疾病的功效。阿拉伯人将其视为一种幸运石，十分信奉它能够带来仁爱之心。绿松石常被用在戒指、耳环、项链、头饰上作为护身符，保护佩戴者免受中毒、咬伤、眼疾以及抵御外邪入侵。它还被认为拥有通过改变颜色警示死亡的能力。同时，服用浸泡或清洗过绿松石的水被认为可以治疗膀胱疾病。僧人尊崇绿松石是因为它曾经帮助佛祖打败恶魔的传说。即使到了现在，绿松石依然被视为勇气、成功和爱的象征。它也一直伴随美国本土珠宝艺术的发展。

绿松石是一种透明的、浅到深蓝色或蓝绿色宝石。最佳颜色是一种浓郁的蓝色，越偏向黄绿色，品质越差。著名的伊朗绿松石，呈现出一种浓郁迷人的天空蓝色或欧鸲蛋青色，十分稀少且珍贵。中国台北有一种更绿的品种，在当地更受欢迎。美国（亚利桑那州和新墨西哥州）是优质绿松石的重要产地，有些可与被盛赞的伊朗天空蓝或欧鸲蛋青色的绿松石相媲美。墨西哥也有绿松石产出，而且绿松石的绿色调更明显。绿松石在澳大利亚、智利、中国、俄罗斯、土耳其也有产出。

所有绿松石都对时间很敏感，随着岁月流逝会逐渐变绿或变暗。另外，要小心避免接触香皂、油脂，或者其他可能会使它褪色的物质。此外，绿松石很容易被划伤（莫氏硬度 6），要小心保护以免受损坏。

购买绿松石时要格外谨慎。它是一种经常被仿制的宝石。现在人们已经能制造出与真正绿松石十分相似的玻璃仿制品。经优化、覆膜处理的再造绿松石（用塑料将绿松石粉末黏合而成）和合成绿松石充斥市场，但目前的鉴定技术可以快速鉴别这些仿制品，因此，如果你不确定，那就把它送检（并在票据上附上详细的描述，如“真正的天然绿松石”）。

市场上出现含有放射性包裹体的绿松石 一些绿松石被发现其中含有放射性包裹体。这种包裹体出现在脉状分布的绿松石中，表现为浅黄色的点，通常肉眼可见。尽管因为放射性较低被认为无害，但是长期佩戴这种绿松石也会危害健康。对于那些切割绿松石和吸入粉尘的人来说也是一种危害。绿松石爱好者需要把宝石送到宝石鉴定－评估师那里做放射性检测（见第三部分第 12 章）。

实用小知识	
绿松石成分：含水铜铝磷酸盐	**莫氏硬度：**6
重量：轻（比重：2.8）	**耐久性：**一般到好
光泽：较强	

锆石

“风信子石”，这种宝石拥有许多功效，尤其对于男性而言，它可以驱赶梦魇，避免中邪，增强体质，强健心脏，助眠，以及驱逐负面情绪和邪念，同时它还被认为有助产功效。

锆石是一种具有多种迷人颜色的、十分闪耀的透明宝石。遗憾的是，也许是因相对便宜的棕色锆石常经过热处理，颜色变成无色或蓝色，许多消费者都误认为锆石是一种合成宝石或仿宝石而不是天然宝石。除了市场上大量经过处理的锆石，天然锆石也会有多种颜色，包括黄色、橙色、红色、绿色和棕色。斯里兰卡作为宝石级锆石的产地已有数百年的历史。此外，锆石在澳大利亚、巴西、哥伦比亚、法国、缅甸、泰国、坦桑尼亚、越南均有产出。

许多人会因锆石的强火彩而将价格十分低廉的无色锆石误认为钻石，这使得无色锆石成为一种流行的钻石替代品，用于搭配彩色宝石。但是，选择锆石要格外谨慎小心，因为它只有中等硬度（莫氏硬度 6.5~7.5），很脆，易磨损、破碎。出于这个原因，锆石被制作成耳钉、吊坠、胸针或戒指时建议做保护性的镶嵌。

实用小知识	
锆石成分：硅酸锆	**莫氏硬度：**6.5~7.5
重量：非常重（比重：4.69）	**耐久性：**一般
光泽：很强	

黝帘石（坦桑石）

坦桑石以前不被认为是一种宝石材料，直到 1967 年在坦桑尼亚发现了一种色彩浓郁美丽的蓝色到蓝紫色的透明品种，坦桑石才被当作宝石。如今，坦桑石的主要产地是坦桑尼亚和肯尼亚。坦桑石可以呈现一种浓郁的蓝宝石般的蓝色，可能会伴有紫红色或带绿色调的黄色闪光，但大多数迷人的蓝色或蓝紫色都是经过热处理得到的。最近人们发现了一种绿色的宝石级品种，被称为绿色黝帘石、绿色坦桑石或铬坦桑石。这种绿色有丰富的色调，从略带黄色调的绿色到灰绿色、蓝绿色，而且这些颜色都是天然的。这一绿色品种是少有的未经优化处理的宝石，供应有限，也许时间会告诉我们这一绿色品种能否成为对大众而言容易获得的宝石。

目前，坦桑石已经成为市场上最受欢迎的宝石品种之一，结果导致大量仿制品出现。如今，大颗粒坦桑石克拉单价可以超过2000美元。佩戴这种宝石时要格外小心，因为它硬度一般（莫氏硬度6.5），故易碎或易破损。出于这种原因，我们不推荐把它制作成戒指（除非这枚戒指可以为它提供足够的保护）或进行任何日常佩戴，因为它会被暴露在易受撞击或其他易受损伤的环境中。绿色的品种会更耐久些，因为它们未经过热处理（加热会增强易碎性）。

实用小知识	
坦桑石成分：钙铝硅酸盐	**莫氏硬度：**6.5
重量：中等重量（比重：3.35 ）	**耐久性：**蓝色：一般；绿色：好
光泽：强	

水铝石（变色硬水铝石）

具有变色效应的宝石一直吸引着收藏家和珠宝行内人，消费者对这种宝石也越来越感兴趣。随着越来越多的人喜欢与众不同的宝石，变色宝石——这种宝石在一种光源下呈现一种颜色，在另一种光源下呈现完全不同的颜色——来到了舞台的中心。我们已经介绍过稀少的变石，也提到变色石榴石、变色蓝宝石，甚至是变色钻石。20 世纪在土耳其发现了另一种令人兴奋的变色宝石：水铝石，一种鲜为人知的具有变色效应的硬水铝石。

尽管很多年前宝石学家和矿物学家就已经知道了硬水铝石，但大部分因净度太差以至于不能被当作“宝石”。在 20 世纪 70 年代，一些非常干净的品种开始出现在市场上，之后在土耳其发现了储量可观的美丽的变色硬水铝石。这种宝石被推入市场，它的英文名称“Zultanite”，令人想起统治古代土耳其和奥斯曼帝国的苏丹（Sultans）。他们曾经想把这种宝石命名为“Sultanite”，但是这个名字是不能使用的！

水铝石能出现漂亮、柔和的颜色，从日光下美丽的淡绿色变化为在温暖的室内光下的浅粉色、棕粉色或米粉色，但浅粉色更难看到。如同变石一样，不论是绿色还是粉色的水铝石都带有棕色调，尽管如此，它的颜色依旧迷人，适合佩戴。尽管相比其他变色宝石的颜色没有那么鲜艳，但女性更喜爱变色水铝石的颜色，因为它的颜色对比不那么强烈，和大地色（绿色、棕色、金色）搭配非常和谐。在某些时候，这种颜色相比于那些颜色更鲜艳、变彩效应更强烈的宝石更适合佩戴。

水铝石是一种值得寻找的宝石。它的颜色很迷人，这是一种生动的宝石，也相对坚硬。大小变化范围也很广，可以达到10克拉以上，而其他变色宝石很难超过2~3克拉，这是它的优势。

总之，水铝石是制作珠宝的很好选择，相比其他变色宝石，价格也较能接受。现在，优质的水铝石（肉眼干净，有轻微的包裹体）的价格为：2~3克拉的每克拉在300~400美元之间；5~7克拉的每克拉在600~700美元之间；7~10克拉的每克拉在800~1000美元之间。如果是更大的或者颜色和整体质量都特别出色，价格会更高。记住：价格是供求的反映。水铝石的产量现在有一定限制；如果需求上升，在不久的将来价格会上涨。

实用小知识	
水铝石成分：铝的氢氧化物	**莫氏硬度：**6.5~7
重量：中等重量（比重：±3.35）	**耐久性：**一般到好
光泽：中等偏强	

第三部分

购买前和购买后的重要建议

第 10 章　购买彩色宝石时应该咨询什么问题

在选购宝石时做出恰当的询问是你购买宝石的关键。这也是你在不同商家选购宝石时帮助你进行比较的唯一方法。要确保珠宝商可以回答你的问题或者可以帮助你找到答案。同时，确保商家可以将答案写在你的购买消费单上。购买后，请有经验的珠宝鉴定师检验，再次核实宝石。这样你就可以在了解宝石品质和价值后做出明智的选择，无须对你所购买的宝石有任何担忧，同时还会与珠宝商开始一段基于自信和信任的稳定关系。同时，如果这颗宝石并不像当初所承诺的那样，你可以及时知晓并获取所需要的信息，来帮助你索回钱财。

购买彩色宝石时应该咨询的问题

恰当的咨询对帮助你了解所考虑的宝石十分重要。对以下问题进行咨询或自问，会帮助你更好地掌握它们的区别，从而更加自信地确定哪一种宝石更适合你。

·这是一颗天然宝石还是合成宝石？合成宝石的物理性质、化学成分及晶体结构与相应的天然宝石基本相似，但并非天然宝石（详见第二部分第5章）。

·宝石的颜色是天然的？大多数彩色宝石都会进行颜色的优化处理（详见第二部分第5章和第6章）。然而，青金石等宝石却不可以。同时要避免买到染色宝石，因为它的颜色不会持久。参照各种宝石的详细信息（第二部分第7章和第8章）来判断这些问题是否重要。

·宝石名称的含义　特别要注意那些具有误导性名称的宝石（详见第二部分第6章）。当宝石有限定性词语修饰时，如"里约托帕石"（其实并不是托帕石），要询问这颗宝石是不是天然宝石，并问明为何使用这类限定性词语。

·宝石包裹体是否可接受，或者过多的包裹体是否影响宝石的美观？宝石内部是否有裂隙、包裹体或其他可能会导致宝石太过脆弱而在日常佩戴过程中容易受损的天然特征？这些问题在购买彩色宝石时尤其重要（详见第二部分第4章）。尽管肉眼可见的包裹体在彩色宝石中比在钻石中更为常见，其存在对彩色宝石价值的影响也小于它对钻石价值的影响，但当宝石包裹体或外部缺陷影响宝石的耐久性或数量过多而影响宝石美观时，宝石价值依然会降低。

要特别留意是否有任何延伸至宝石表面的内部包裹体，因为这会使宝石变得脆弱，尤其是当佩戴时这种瑕疵暴露在外，例如宝石的顶部或腰棱附近。这将会明显降低宝石的价值。

大量的包裹体通常会大幅降低宝石的美观性，尤其在宝石的灵动性方面，同时通常会使宝石变得脆弱，在受到敲打或磕碰时也更易破碎。应当避免购买这类宝石，除非价格十分便宜，同时你也愿意承担这一风险。

同样，某些宝石，正如我们所提过的那样，相比于其他宝石更加脆弱，即使没有瑕疵也更容易裂开或破碎。这些宝石包括欧泊、锆石和一些新兴宝石如坦桑石等。这并不意味着你不能购买它们，而是说你应当考虑如何佩戴以及存放这些宝石。戒指、手链、手镯更易损坏，因为它们更容易受到磕碰，而胸针、项坠、耳环较不易受到损坏。

·你喜欢这颗宝石的颜色吗？宝石颜色与纯正的光谱色有多接近？是否太亮或太暗？在不同的光源下看起来如何？学会用刁钻的眼光来观察颜色。在熟知最稀有和最具价值的颜色后，要判断哪一种才是你真正喜欢的。你可能会倾向于选择一种不那么稀有也不那么昂贵的颜色。记住，只买你喜欢的颜色，而不是买你觉得应该买的颜色。

·宝石的颜色持久吗？鉴于新的处理方法（如扩散），以及有些宝石容易褪色，比如紫晶和紫锂辉石，这个问题应该提出。褪色的过程需要多长时间，没有人知道。但这种现象从未影响紫晶的流行，同样也不会影响紫锂辉石的流行。但是消费者应当对此有所了解。证据表明，过度暴露于强烈日光下或高温中会导致这些宝石褪色。因此，建议避免日照和受热，主要在晚上或室内活动时佩戴这些宝石是明智的做法。

· 宝石需要保护性镶嵌吗？当你考虑购买坦桑石、欧泊或祖母绿等宝石时，宝石的镶嵌可能尤为重要。它们需要能够提供一些保护镶嵌，例如，其中一种方法是在主石周围群镶钻石。那种将宝石明显暴露在外的设计，例如镶在一个高台上或是四周开放、没有任何保护的镶嵌，是不合理的。

· 宝石的琢型令人满意吗？是否很有个性？这都将由切工所决定。许多彩色宝石被切磨成异型，常由经验丰富的切磨工切磨。好的切工可以增强宝石色彩并体现个性，同时也可提升宝石的价值。然而，对于彩色宝石而言，火彩与颜色本身相比并不是那么重要，最重要的是专注于宝石的颜色。有时，切磨工必须牺牲火彩来使宝石获得最佳颜色。另外，如果宝石的颜色不够浓郁不足以弥补火彩上的不足时，你可以向珠宝商询问其他切工更好、更闪烁的宝石。有可能那颗火彩更好的宝石颜色并不是你所喜欢的。切记：当你购买彩色宝石时，颜色才是最重要的决定性因素。除非你认为这颗宝石对你毫无吸引力，否则不要仅仅因另一颗宝石更闪烁而放弃一颗颜色更艳丽的宝石。仔细对比它们，然后根据你所喜欢和能负担的价格做出决定。

当考虑挑选一颗颜色柔和的宝石时，谨记如果它被切得过浅（扁），背面堆积一点油污便会让它迅速失去魅力（不过只是暂时的），颜色会减弱，艳丽的感觉会完全消失，但通过彻底的清洗可以被迅速补救。

·什么是无色宝石? 一件首饰上的彩色宝石常被镶嵌在许多无色宝石之中以体现或突出它的颜色。什么是无色宝石呢?不要认为它们是钻石，它们可能是钻石，还可能是锆石、合成立方氧化锆或人造钇铝榴石等钻石仿制品，或者是合成无色尖晶石（尖晶石在亚洲常被使用）。

选购彩色宝石时要记住的特别提示

当你在观察裸石时，从侧面和顶部多角度进行观察，并且把它们倒置在一个水平的白色表面上，让它们依靠台面支撑，使你能够从背面向下观察整颗宝石，从而排除色带的影响，得出宝石的平均颜色。

记住，就彩色宝石而言，颜色是最重要的考虑因素。如果颜色很好，瑕疵或包裹体对彩色宝石价值的影响不会像对钻石那样明显。如果总体的颜色或美感不会被严重影响，瑕疵的存在不应当影响购买。无瑕疵的宝石会因稀有性而导致不成比例的超高克拉单价，同时克拉重越大，单价越高。对于颜色柔和或颜色不是很好的宝石而言，净度可能相对更为重要。

做购买决定之前，确保在多种不同的光源下观察宝石的颜色——点光源、阳光、荧光、台灯等。许多宝石会变色——有的轻微，有的显著——取决于观察光源。确保颜色在你经常佩戴场合的光源下令人满意。

如果你考虑购买一颗色彩浓而深的宝石，尤其是为特殊场合准备且很可能会在晚上佩戴时，要确保它在夜间的灯光下颜色不会变黑。有些宝石，如蓝宝石，在夜光下可能会看起来像黑色缟玛瑙一样。

要特别注意宝石的耐久性。如果你打算购买一种脆弱的宝石，要考虑它可能会在何种情况、何种场合下以何种频率受到碰撞或损伤。同时，要特别注意宝石的镶嵌，以及镶嵌能否起到增强保护的作用，是否会将它不必要地裸露而处于被损坏的危险中。

了解消费单据的实际情况

如果一颗彩色宝石超过 1 克拉，同时品质极佳且价格昂贵，就一定要咨询有经验的宝石学家、评估家，或依据 AGL、AGTA、GIA 等机构的鉴定来确定是否购买。

永远要确保你所购买的任何产品在你的消费单据中有清晰而准确的描述，而且与售货员或珠宝商的陈述严格一致。对于彩色宝石，还有以下几点基本信息：

· 宝石的详细信息。是天然的还是合成的，要确保不是拼合材料（二层石、三层石）。

· 一份关于宝石是否经过处理的说明。如果未经处理，需要一份描述宝石未经染色或是提高净度的说明；如果经过处理，需要一份描述处理方法和程度的说明。

· 一份说明颜色为天然的证明。对于蓝宝石而言，需要一份关于是否经过扩散处理的证明。

· 一份描述整体颜色（色调、明度、强度）的证明。

· 一份描述宝石整体缺陷图片的证明。这对于彩色宝石并不总是必要的。对于无瑕或者极微瑕的宝石，注明卓越的净度是明智的。此外，注明一切对于鉴别宝石可能有用的瑕疵。

· 一份描述切工或镶嵌的证明。这并不总是必要的，但如果这颗宝石切工极好或者是新颖的琢型或切工，那么它可能是有用的。

· 主石的克拉重量或宝石的总重量。如果是主石和小宝石的组合，请计算出它们的总重量。如果这颗宝石是包退换的，确保这颗宝石的准确大小以及其他鉴定性特征。保修条款和期限应当清楚标注。

关于首饰应当包含的其他信息

· 如果这件首饰被介绍是由著名设计师或机构设计的（梵克雅宝、蒂芙尼、卡地亚等），同时价格也反映了这一点，那么设计师或者珠宝公司的名称应当在消费单据上被注明。如果这件首饰是古董（学术上讲，古董必须至少有100年历史）或者如装饰艺术、新艺术派、爱德华时代（尤其是由那个时期的首席工匠制作的）等受大众欢迎的时期的古物，这些信息以及被制造的大致年代或日期应当在消费单据上被注明，同时需要有描述其状况的声明。

· 如果这是一件手工制作或者定制的首饰，这些也应当在消费凭据上注明。

· 如果这件首饰可以试戴，注明毫米尺寸——顶部到底部的深度及长度、宽度或直径，同时还应包含这件首饰的详细描述。此外，检查注明的时间，如“两天”。在你签署任何文件之前，确认你签署的是一份试用合同而不是一份购买合同。

第 11 章　如何选择信誉好的珠宝商或珠宝顾问

对于如何选择一位信誉好的珠宝商或珠宝顾问，我很难给出建议，因为任何可以给出的建议都会存在太多的例外。商业规模和经营时间很多时候并不能说明公司的可靠性。有些个体珠宝公司极受尊重，有些则不然。有些已经进入行业很多年的公司早就将贸易建立在诚信和知识的最高准则之上，而有的公司可能已经在几年前便被市场淘汰。

值得强调的一点是，对于普通消费者而言，价格本身并不是表明卖家诚信或知识的一个可靠性指标。除去品质的不同，价格的显著差异也可能源于首饰制造流程的差别，而品质的差异对于消费者而言并不易于辨别。许多珠宝首饰制造商将大批量生产的高品质首饰卖给世界各地的珠宝商。大批量生产的首饰，许多都很漂亮且设计经典，又比纯手工制造品、孤品、限量款要便宜得多。有些设计师的作品也许只在少数几家特定的公司能够买到，会由于首饰的工艺、劳动力、品牌知名度以及配额限制而需要支付额外的费用。手工制造或孤品通常更昂贵，因为生产的最初成本是由个人单独负担的，而非像批量生产的产品那样由许多人分担。

此外，不同零售商会依据许多不同的因素确定各自不同的零售利润，这些因素包括保险责任范围、担保费用、信用风险、教育和培训费用，以及私人设计和定制珠宝的生产、维修、客户服务政策等特殊服务。

普通消费者的明智选择最好是货比三家。去你所在地区的几家优秀的珠宝公司，然后比较它们的服务、售货人员的专业程度，以及珠宝的价格。这将让你更快了解所在区域珠宝市场的情况。当你货比三家时，记得关注上面提到的一些关键问题，同时注意设计以及手工制作方面的区别。在此过程中，考虑以下问题可能会有所帮助：

- **这家公司经营多久了？**快速检索一下也许就可以找出是否有顾客投诉。
- **珠宝商、管理者或珠宝所有者拥有什么宝石学证书？**有在职的宝石学专业人士吗？这家商店有自己的实验室吗？
- **提供哪些特殊服务？**可以提供个性化设计、稀少宝石、培训课程、打印服务、拍摄服务吗？
- **卖场的橱窗怎么样？**首饰能很好地展示出来吗？还是橱窗中充满了各种价格低廉到难以置信的商品，以及极具诱惑力的广告来吸引你进店？

·这家店整体气氛如何？销售人员训练有素吗？有品位吗？提出的建议有帮助吗？还是令人恐惧呢？

·这家店的退货政策怎么样？是全额退款吗？期限是多少天？退货原则是什么？

·维修或换货的政策怎样？

·店内出售的首饰可以试戴吗？问一下并无妨。有些珠宝商会介意。然而，除非你私下认识珠宝商，通常是不允许的，因为出现过很多珠宝商遭遇商品被偷窃、损坏或调包的事件。

·这家公司将在多大程度上保证商品像介绍的一样？应当注意，确保你问了合适的问题，同时消费单据上得到了完整而精确的信息，否则你可能会被一些难以理解的术语所迷惑。

如果珠宝商没有提供必要的信息，无论你多么喜欢这件首饰，建议你去另一家。如果你购买时有一定的前提条件，那么把这些前提写在你的消费单据上。

永远不要相信任何人所声称的东西。警惕那些说“相信我”的人，或者那些企图通过例如“难道你不相信我吗？”等话语来说服你的人。而值得信赖的珠宝商不会索求你的信任，他会以书面形式，通过知识、可靠性，愿意为你提供所要求的一切信息来取得信任。

通常情况下，如果你货比三家，会很容易区分出有专业素养、声誉好的商家和不好的商家。除非你已经是珠宝行家，不然多去几家珠宝店咨询想了解的信息，多看多观察，仔细检查物品，然后再做出决定，这样准没错。

聘请一位珠宝顾问

珠宝顾问在珠宝行业内悄然兴起。喜欢追求天然颜色的宝石或者某一特定历史时期的古董首饰等难以在传统珠宝商店找到货品的人，现在正寻求有经验的珠宝顾问来提供专业服务。珠宝顾问可以提供各种各样的服务，包括普通的咨询来帮助你确定真正想要什么，预算是多少，如何能够最划算购买到心仪的宝石，如何转让你现有的首饰，如何设计或重新设计一件首饰并制作出来等。珠宝顾问还能提供在拍卖会或者私人销售上帮助你安全购买珠宝首饰所需的专业知识。有经验的珠宝顾问可以帮助你拓宽关于珠宝方面的眼界，同时给你提供如何使首饰更独具特色的方法。

确保检查任何提供珠宝顾问服务的人的证书，如有没有宝石学证书？有没有实验室？进入珠宝行业多久了？能否在这个领域内给出名单？能否为客户提供参考建议？如果你有首饰想要出售，在安全的地方安排见面。

珠宝顾问的收费各不相同，主要取决于其专业知识、经验水平、任务的性质。例如，向一位拥有知名证书的珠宝顾问咨询关于如何购买或销售珠宝首饰的一般问题时，你大概每小时需要支付 125~200 美元。

对于提供购买或销售特殊宝石或首饰的援助，有些珠宝顾问会收取固定的费用，有些按照购买或销售总额的一定百分比收取，有些则计时收费。当我为客户提供服务时，我的工作基于其中的一点或者全部，这取决于工作的性质以及什么最能迎合客户需求。

如果你要投诉

如果你要投诉一家公司，请联系你所在城市的工商局。另外，如果任何珠宝商对向你销售的商品提供了虚假信息，该机构可以为你提供重要帮助，核实你的投诉，然后针对这家被确认在珠宝行业有欺骗行为的公司采取措施。

珠宝商警戒委员会（JVC）

Jewelers Vigilance Committee（JVC） 25 West 45th Street Suite 1406 New York NY10036（212）997-2002

第 12 章　选择鉴定师与保险公司

为什么要找鉴定师

如果你买了一颗彩色宝石或者一件镶有彩色宝石的首饰，那么拥有一张专业的鉴定证书并对它持续更新非常重要。原因如下：

（1）证明你所购买的珠宝的真实情况（这在大量新的合成材料和处理方法出现的情况下尤为重要）。

（2）获得足够的保障以防盗窃、遗失或损坏。

（3）获取充足的信息来合法宣布这件首饰是受警方保护的。

（4）如果首饰遗失或被盗，可以提供充足的信息证明索赔珠宝确实是你保险单上所提供的。

由于盗窃案件的高发以及彩色宝石价值的飞涨，人们对鉴定评估服务的需求明显增多。现在对一切品质优良的宝石的合理评估都是必要的，尤其在决定购买之前。同样重要的是，要将旧的鉴定评估结果实时更新。这将保证你现有的宝石如果在未来的几年里遗失或被盗，你可以获得足够的赔偿。此外，在涉及遗产税、礼物或资产净值评估时会需要最新且精确的估价。

如何找到一位可靠的鉴定师

过去几年里鉴定评估行业极度繁荣，同时很多珠宝公司也开始提供这项服务。必须指出的是，并没有官方确立的行业准入门槛，任何人都可以声称自己是一名评估师。虽然许多优秀的专家都从事这个行业，但是市场上提供这项服务的人大多都缺乏经验。所以有必要认真仔细地选择鉴定－评估师。此外，如果你评估的目的是核实宝石的品种或确定净度、价值，那么建议你找一位专业从事宝石鉴定及评估的专家而不是刚刚从事珠宝销售的人。

要找到一家可靠的宝石鉴定实验室，你要有一张优秀的实验室名单，这些实验室可以开具国际认证的证书。

为了找到一个可靠的宝石测试实验室，参见可以出具国际认证报告的实验室列表。为了在你的周围找到可靠的宝石鉴定－评估师，请联系：

注册珠宝鉴定师协会（AGA）

c/o G-Force Services, 3315 Juanita St., San Diego.

CA 92105　　（844）288-4367

美国宝石协会（AGS）

8881 W. Sahara Ave., Las Vegas.

NV 89117　　（866）805-6500

美国评估师协会（ASA）

2121 Cooperative Way, Ste. 210, Herndon.

VA 20171　　（800）272-8258

国际评估师协会（ISA）

1100E Woodfield Rd, Ste. 350, Schaumburg.

IL 60173　（312）981-6778

国家珠宝评估师协会（NAJA）

P.O. Box 18, Rego Park.

NY 11374　　（718）896-1536

此外，在选择宝石鉴定－评估师的时候，要记住下面的建议：

· **找到多名评估师然后比较他们的证书。**要成为一名合格的珠宝评估师需要正规的培训和实践。你可以通过给评估师打电话并咨询宝石学证书来进行初步鉴证宝石。

· **寻找特定的证书。**GIA 以及 Gem-A 提供国际认可的证书。GIA 授予的最高荣誉是 G.G.（宝石研究学家），而 Gem-A 授予 F.G.A.——宝石协会会员（澳大利亚是 F.G.A.A.，加拿大是 F.C.G.A.）。有些人能够以“杰出成绩”取得这一荣誉。德国是 D.G.G.，亚洲是 A.G.。确保评估师有这些宝石学证书之一。另外，在挑选评估师的时候，寻找带有 C.G.A.（注册珠宝评估师）头衔的，这是美国宝石协会授予，或者有 M.G.A.（杰出珠宝评估师）头衔的，由美国评估师协会授予。有些优秀的宝石学家和评估师没有这些头衔，因为不属于授予证书的组织。这些头衔代表评估师被授予的珠宝评估界的最高荣誉。任何拥有这些头衔的人都有口碑好的宝石学证书以及高标准的专业表现。

· **检查评估师的资历。**除了正规的培训，成为一名可靠的宝石学家及评估师还需要丰富的宝石操作经验，能熟练使用准确鉴定和评估所需的仪器，且在珠宝市场非常活跃。评估师应当至少有几年在设备精良的实验室工作的经验。

· **询问评估地点。**如果条件允许，做评估时你通常应当在场，这对于确保归还的宝石是原本那颗，保护评估师免受“调包”或以任何方式损坏首饰的指控时非常重要。

如果有多颗宝石，那么评估的过程将非常耗时。通常获得一颗宝石的完整信息需要半个小时，在某些情况下可能要花费更多的时间。

评估费

这是一个敏感而复杂的问题。就像其他任何专业服务一样，它应当有一个合理的收费。费用应当按要求明确告知或提供，这样顾客可以事先知道这项服务可能需要支付多少费用。费用主要依据评估师的经验、所花费的时间，以及将评估结果转为书面形式所需的文书工作，因为所有的评估应当以书面形式完成。以前实行的收费标准按所评估物品价值的一定百分比来确定，但现在不再被接受。如今，美国所有经认证的评估协会均建议按小时或克拉重量进行收费。

无论你所评估的物品价值是多少，都有一个最低评估费用。一位专业的、有经验的评估师每小时收费 50~150 美元不等，这取决于完成这项工作的复杂程度以及所需的专业知识。

要出具证书或者需要特殊专业知识的特殊珠宝评估，费用大约为每小时 125~150 美元。摄影、X 射线照相技术、打印、彩色钻石的光谱检查等额外服务都将收取额外费用。

警惕那些收费极低以及依然按“评估价值”的百分比收费的评估师。举个例子，美国国税局不承认按比例收费的评估师所做的评估。

有些评估师给首饰照相，这也是推荐建议的。在照片上，评估师会标注近似放大倍数、日期以及物品所有者身份。如果它被盗或遗失后被警方找到，这提供了一种辨别物品的手段。如果你佩戴首饰出境旅行，然后发现必须向海关证明首饰不是在国外购买的，那么照片同样有效。

选择一家保险公司

一旦你有一份完整的评估报告，下一步就是获得充分的保险。大多数人没有意识到保险公司的承保范围及赔偿手续会有很大的不同。许多公司条款中会提到不会赔偿“全款”，取而代之，他们会提供一个替代品（这个替代品的现金总值会小于所投保的首饰），或者帮助你修复它。因此，需要问一些问题来了解承保范围十分重要。建议至少要问以下问题：

·如何满足我的要求？是以现金形式赔偿保险金额吗？如果不是，现金结算的金额是如何确定的？会赔偿替代品吗？一件货品的替代品都包含什么？有什么保障来确保我得到的替代品的品质与价值可以与原来的那件相媲美？

·什么是不在合同的覆盖范围而不能进行替代的？这张保险单有地域限制吗？有哪些免费或例外情况？包括因疏忽而丢失的情况吗？如果有的话，免赔额是多少？你需要我提供什么文件？

为了协助保险索赔，有必要保留一张首饰的照片作为留底。拍一张照片并把它保存在安全的地方，以防盗窃或火灾。照片对于帮助你描述自己的珠宝，同时帮助记住其他遗漏的部分，以及在找回后方便辨认，都是有用的。照片在保险文件中也是有用的。此外，计划出行时，你所携带的一切首饰都需要拍照。把它放在桌子上然后拍张快照即可。

第 13 章　网上购物：电子商务与线上拍卖

电子商务是当下的流行语，新的珠宝首饰网站连同拍卖网站一起，几乎每天都在大量涌现。网络经常以号称比传统首饰商店低得多的价格源源不断提供大量来自全球的货物的同时，为我们提供了超出想象的更多选择。网上购物很有趣，而且对于知识渊博的买家来说，它提供了一些可能以低价淘到珍宝的机会。但是电子商务与线上拍卖并不适合所有人，同时有很高风险会买到与描述不符的商品。在进入网络空间之前，我们要花一点时间从正反两方面进行一些考虑。

对于很多人来说，网上购物的最大诱惑就是便利。快捷简单，让你可以在没有售货员推销的情况下，自主做出决定。这为那些离正规珠宝店很远的人提供了一个机会，可以知道哪些是可购买的，哪些是新兴的、潮流的，同时掌握从宝石到最新获奖设计师的一切潮流资讯。许多网上供货商也会提供一些培训网站来让你对所购买的商品有更多了解。对于那些时间就是金钱的人来说，网上购物可以把珠宝世界直接展现在你的电脑屏幕上，真正做到节约时间。

网上购物的确很具诱惑力，但是多数情况下，它并不完全如看起来那样美好。对于珠宝首饰而言，网上购物的缺点大过优点，尤其是在拍卖网站上。

第一个缺点是无法对宝石直接观察比较。我们在前面章节已讲过，无法直接观察宝石是一个很严重的弊端，因为不可能通过静态图片来准确感受宝石的外观及魅力。此外，你无法得知这件珠宝的工艺如何，同时也无法跟其他宝石进行比较。在这个过程中，你要确保向卖家询问退货政策，并仔细阅读相关细则。找出货品需要在多长时间内退换以及你是否能够得到退款。警惕那些轻易做出承诺的卖家。

另一个严重问题是审核机制的缺失，没有任何审核机制可以帮助你了解网站所提供的信息的可靠性。被销售的珠宝首饰的相关信息经常是不完善且不准确的，同时很多的“培训”网站上大多是错误和不完善的误导信息。寻找网络卖家的竞争力或可靠的准确信息十分困难，同时书面保证毫无意义，除非你能找到一种在付款前可以进行核查的方法。

在前面章节所提到的注意事项，同样适用于网上卖家或线上购买。我也反复强调过，许多影响质量和价值的因素，如果没有经过宝石学专业培训、实践以及配合合适的仪器是无法准确判断的，同时许多网上卖家缺乏必备的知识和技能，所以他们的陈述可能并不可靠。

在这里要强调的是，消费者应采取一切措施来保障自身权益，同时确保以合理的价位购买到心仪的珠宝。记住，许多网上公司及个人卖家都是未知的存在，没有关于过去的可靠记录或良好的声誉。这意味着尽管很多网络卖家在顾客购买前做出了“保证”，但可能很难或根本无法实现。你还必须记住，也许根本无法在线下找到卖家，你也不能信任卖家的等级，因为这些等级可以轻易被不良商家操纵和篡改。

评估及鉴定报告提供了虚假的安全感

宝石鉴定证书的推广逐渐给网络卖家的销售带来支撑。不幸的是，它们也正愈来愈多地被不良商家利用。现在，一些虚假的鉴定报告和一些不法实验室的报告正逐渐增多，这都是在哄骗消费者去购买不如实描述的商品。如果可以的话，确保在支付前对卖家提供的一切文件进行独立审核。

网络上可能出现的其他问题包括如下几条：

· **未遵守联邦贸易委员会的准则。**联邦贸易委员会发现严重的不遵守其准则的现象。最明显的是，卖家提供的描述经常省略质量因素、精确重量，以及彩色宝石的处理方法等相关的重要问题。

· **价格经常高于正常的零售价。**不要认为你的网上支付价格低廉，警惕所谓的“不怕比较的低价”的宣传，这会让你误认为自己捡了个大便宜。网上的价格通常不会比当地的珠宝商场便宜，同时许多网上零售商的售价会明显比从专业知识丰富的独立珠宝商处购买要贵得多。在网上购买以前，你要从不同渠道获取价格，包括当地的珠宝零售商。

·所谓的“批发”可能是一种误导。现在“网上批发”对于顾客来说可能比在任何珠宝批发市场购买的风险更大，因为你不能亲眼看到宝石或首饰，同时也无法保障你是从一个诚信的批发商手里购买的。许多通过网络购买“批发”珠宝的消费者并没有得到所期待的低价。如果买家先看首饰或者有机会与其他选择进行比较，那么许多错误都可以避免。你可以申请在卖家收到货款前查看宝石，比如，通过本地银行或宝石鉴定机构作为中介。在此建议，只要可以，就用这种方法进行交易。

·行踪不定。在屡次报道不良商家欺骗顾客的事件中，卖家通常是找不到的，因为一旦交易完成后他们不会在原地停留。

线上拍卖——捡便宜还是挨宰

知名拍卖行是得到古董首饰的重要渠道，古董首饰通常展现着今天无法复制的精美工艺。它们也是一些优质稀缺的天然宝石的重要来源，这些宝石甚至超过了现在开采出的最好材料，目前在珠宝贸易中已经无法找到了。这样的宝石可能会拍得十分可观的价格，甚至可能是一个新纪录，也可能一些很有知识的买家识别出了其他人未能识别的珍宝，而仅仅支付了很低的价格。对很多人来说，这正是拍卖会的诱人之处。

拍卖会提供的货品也可以通过拍卖台来确定成交，或者作为一种处理无物主财产的方法，无论价格高低，都必须售出。当然这不会保证你会买到便宜货，因为知识丰富的买家知道竞标物品的价值。有时这些物品可能会以十分低廉的价格拍出，是因为没有人能够对其进行恰当的鉴别，专家也会看走眼！

在拍卖会上购买可能会满载而归，但是你要时刻记住，即使在最好的公司也是有风险存在的。你必须拥有丰富的知识，或者与专业顾问一起抓住机会，识别陷阱。过去的几年中，我看到许多从信誉良好的拍卖公司拍得的物品，其中不乏人造宝石、裂隙充填宝石，以及扩散处理蓝宝石！

正如我在这本书中一直强调的，没有人能不亲眼观察并通过适当的宝石检测仪器的测试就鉴别出任何宝石。当涉及拍卖的时候，准确的鉴别尤为重要。我从不会在没有亲自观察和经过恰当的宝石鉴定就在拍卖时对任何物品投标。像安帝古伦、佳士得和苏富比等拍卖行，会在拍卖前通过在不同地区举办的展会为大家提供亲自鉴别的机会。同时，拍卖是现场和线上同时进行。然而，不是所有的线上拍卖网站都如此，许多情况下，我们投标前是没有机会看到货品的。在这种情况下，成功主要依赖惊人的运气！

保护可能仅仅是一种错觉

当提到拍卖网站的时候，你也许会有一种正受到保护的印象，但这可能只是一种错觉。事实可能根本不是这样。永远不要忘记，在无法进行恰当检测的情况下，风险会急剧增加，你正在为一个不明宝石投标。即使来源合法，购买前没有亲眼看到珠宝首饰也可能导致你在收到所购买的珠宝时感到失望。确保仔细阅读合同条款，尤其是与“代表人、担保，以及责任限制”有关的小字。

在金钱的刺激下，在拍卖会上购买宝石是令人兴奋的经历。但对于没有丰富知识的人来说，则充满了风险，而网上拍卖风险更大。联邦贸易委员会警示过互联网拍卖诈骗已经成了一个严重问题。根据联邦委员会的反映，大多数消费者的投诉集中于以下情况：

- 卖家没有发货。
- 卖家所发货物价值远低于他们所描述的。
- 卖家没有及时发货。
- 卖家没有公开所售物品的所有相关信息。

支付方式可以提供保护

有很多支付选项都可以提供一些保护。如果未交付货品，信用卡可以为用户提供最大的保护，通常包括通过信用卡发行商寻求信用保护。如果卖家不同意，其他选项还包括建立一个第三方托管安排（这经常会有一点象征性的收费），或者在交付货品或钱财时，使用可靠的第三方进行核实，例如一家很知名的宝石鉴定实验室。

总之，无论你在线上购买或销售珠宝首饰（网上零售商、拍卖网站或个人），利益可能会很大，但风险也会比传统渠道要高得多。

关于如何降低网上购买或销售风险的更多信息或呈交诉状，请联系联邦贸易委员会消费者回复中心（Consumer Response Center，600 Pennsylvania Avenue NW Washington D.C.20580，或登录网站：www.ftc.gov）。

网上信息来源

网上信息有许多来源，但是没有任何一种筛选机制可以将可靠信息与不可靠信息分离。你必须考虑信息来源的可靠性，同时警惕珠宝首饰卖家所提供的信息。以下网站可能会提供一些有用的帮助：

1. www.ftc.gov（联邦贸易委员会）
2. www.jic.org（珠宝信息中心）
3. www.gia.edu（美国宝石学院）
4. www.ags.org（美国宝石协会）
5. www.gem-a.com（英国宝石协会）
6. www.accreditedgemologists.org（注册珠宝鉴定师协会）
7. www.gemstone.org（国际彩色宝石协会）
8. www.cibjo.org（世界珠宝联盟）
9. www.antoinettematlins.com（安托瓦内特·马特林斯，P.G.）

第 14 章　珠宝首饰佩戴与保养

让你的珠宝首饰多年来常戴常新的关键是知道如何保养。尽管如此，大多数消费者并不知道什么是适当的保养。因此，这里有一些小贴士，能够帮助你在购买珠宝首饰后，可以从中获得更多的喜悦。

仔细保管首饰

· **仔细保管首饰。**避免极端的温度和湿度（很热或很冷的地方；很潮湿或很干燥的地方）。

· **将珠宝首饰与金饰、银饰分开存放，避免划伤。**把珠宝首饰放入软袋子或用软布包裹起来。

· **不要把你的首饰盒装得太满。**这可能会导致错放或遗失那些从首饰盒中不慎掉落的宝石。将宝石强行装入盒子中可能会导致损伤，如首饰弯折或易碎宝石的破裂。

小心取放及佩戴高级珠宝

· 每 12 个月到 18 个月找一位值得信赖的宝石匠检查每件高级珠宝，以确保它们的镶托是稳固的，尤其是镶宝石的金属爪。如果你感觉（或听到）宝石在镶托中晃动，说明镶宝石的爪或沟槽需要夹紧。如果不及时处理，可能会导致宝石丢失或损伤。

· 养成沐浴（淋浴或盆浴）前摘掉首饰的习惯。香皂会在宝石表面形成一层薄膜，这层薄膜会减弱宝石的光彩和美观，从而需要更频繁的清洗。同时，在化妆或擦粉前摘掉首饰，化妆后在拿取首饰前先清洗双手（去除化妆品的残余物）。

· 在做任何粗活时避免佩戴高档首饰，尤其是在使用研磨料或化学品时。研磨料会划伤宝石和金属。氯或氨等化学试剂会导致用于镶嵌的金属变色，同时使许多宝石的抛光变暗（必须重新抛光）。氯（泳池水）可以导致宝石底座的凹陷变形、变色，甚至裂开（尤其是 14K 及以下的黄金），从而导致宝石丢失。氨会减弱宝石的抛光效果，例如，应避免用含氨清洁液来清洗任何孔雀石艺术品。

· 避免将高档首饰放置于强热环境（例如，做饭的时候）。暴露于极热的环境——接触热锅柄、过于靠近火焰或热蒸汽——

都会导致许多宝石的损伤。

珐琅可能会因接触高温而受损。据我所知，有位顾客毁掉了一枚戒圈上有着非常可爱的珐琅装饰的古董戒指，仅仅因为她端了一个柄很热的锅致使珐琅融化。

· **避免长期将首饰存放于保险柜。**尽管这对红宝石、蓝宝石、钻石不会产生负面影响，但对于其他宝石，如欧泊和祖母绿，也许会遭受极端干燥的考验。对于这些宝石，如果长期存放在保险柜或银行金库中是不可避免的，那么可以在密封的保险柜里放一块潮湿的布，不时检查，以确保其保持湿润。

· **避免将高档首饰暴露于极端的温度变化中。**例如，可能会遇到冬天将宝石存放在地下冷藏室中或在旅行时将其置于汽车后备厢中的情形，然后又在高温的房间中移动或佩戴它。对于欧泊这一点应当格外注意。

· **永远不要用沸水煮来清洗首饰。**宝石可能会破裂或褪色。

关于欧泊和祖母绿的特别提醒

· **定期将欧泊浸泡在水中有助于防止失水及后期的破裂。**永远不要将欧泊浸于油中；将欧泊在油中浸泡仅仅几个小时就可能导致失去一些或全部的变彩。

定期用油擦拭欧泊表面曾一度被认为是对它的保护。这是不正确的，而且会损伤大部分的欧泊。

· **避免在做粗活或剧烈运动时佩戴祖母绿。**祖母绿很脆弱且受到强烈打击或敲击时容易受到损坏。

· **永远不要将欧泊或祖母绿放入超声波清洗仪进行清洗。**超声波清洗仪会加重瑕疵并减弱颜色。

关于戒指的重要建议

· **摘戴戒指时尽量避免触碰宝石。**取而代之的是，应当通过捏住金属戒圈来摘戴戒指，这样可以避免宝石表面的油脂堆积，油脂堆积会大大降低宝石的明亮度和闪烁程度。

· **为了保持宝石的光彩，养成对它们"哈气"的习惯。**这是我们用来去除宝石表面灰尘或油质薄膜的小窍门（因不规范摘戴戒指或偶尔抚弄会导致表面油脂存留）。每一次宝石被碰触，一层薄的油膜就会被覆在顶部，宝石的美观便被削弱。为了恢复闪耀，需要将戒指靠近你的嘴并通过呼吸"吹"它，你会发现宝石起雾了，然后用柔软无绒的布擦拭，如手帕、围巾、大衣或上衣的袖子。你会惊奇地发现，仅仅将表面薄薄的一层油膜去掉，宝石竟会有那么大的变化。

· **不要将戒指摘下后放在水槽边缘，**除非你确定排水孔已关闭。同样，在家以外的地方，永远不要在洗手时摘下戒指（我们常见到因洗手摘下戒指而将其遗忘或丢失的事件）。

外出时多加防范

· **如果旅行时携带了珠宝，不要将它装在你准备托运的行李中，也不要寄存在宾馆的旅行箱中，**等等。要随身携带。

· **永远不要把首饰留在你的宾馆房间中。**无论在哪里，如果可以的话，找一个保险箱来存放你的首饰，哪怕只是一天中的一段时间。

· **买一个可以隐藏在衣服里的“贴身小袋子”，方便你必须携带一件贵重首饰时使用。**旅行中永远不要在口袋或钱包中携带贵重物品。

· **出入海关时，拍一张你所携带的首饰的照片**（简单拍一张照片即可），可能会很有用。在出发前将照片注明日期并进行公证，以便证明这不是你在海外所购。否则你可能会被要求交税。

· **为你的首饰制作照片清单。**无须太专业，只需把你的首饰摆在一个平面上照几张快照即可。如果发生盗窃事件，这些照片将非常重要，它可以提供直观的线索，为警方辨认被盗物品提供便利，同时在物品被送还后容易认领。关于保险方面，照片也十分重要，它可以为首饰丢失后寻找替代品时提供参照。如果丢失的首饰是一件孤品，而你想要找人做一个复制品，照片可以为珠宝匠提供必要的细节方便进行复制。

保持首饰清洁使其光彩耀人

如果想要你的宝石达到最闪耀的效果，那么有必要保持清洁。洗涤剂、粉尘，以及你肌肤的油质所形成的薄膜都会使宝石暗淡，减弱闪耀度。别小看那一小层薄膜，它对你的宝石闪耀度和颜色的影响非常大。所以，学会如何保持首饰的清洁，并经常清洗它们吧。

如何清洗你的宝石

清洗宝石最简便的方法是用温肥皂水清洗。准备一小碗温肥皂水，或任何种类的温和的液体清洁剂。将首饰浸泡几分钟，然后用眉刷或软牙刷轻轻刷它，同时保持它浸没在肥皂水中。最后用流动的水彻底冲干净，此时要确保排水孔已关闭，然后用无绒的软布或纸巾轻拍擦干。

红蓝宝石首饰，尤其是镶有钻石的首饰，可以浸没在等量的无氨热水溶液（不是沸水，将手指放入其中而无任何痛感）中。这对去除聚积的灰尘和污垢非常有效。让首饰在其中浸没几分钟，轻轻刷洗，冲洗干净，然后用无绒软布轻轻拍干。记住，大多数宝石不可以使用氨水清洗。用温肥皂水清洗对于所有宝石来说已足够。

谨慎使用宝石清洁剂和超声波清洗仪

商业用的珠宝清洁器通常并没有上文所说的方法奏效，它们很受欢迎是因为方便。永远不要将珠宝首饰浸泡在商用的清洁器中超过几分钟的时间。将祖母绿或紫晶等宝石放入某些商业清洁器中，时间再短都可能会造成表面损坏，减弱宝石光泽。对于不易清洁的首饰，可以尝试新发明的离子清洁仪，这对于几乎所有宝石都是安全的，甚至对祖母绿和欧泊，快速便捷且价格合理。

对于大多数宝石而言，并不推荐使用超声波清洗仪。超声波清洗仪仅适用于钻石和黄金饰品的清洗，对于其他宝石应当被严格禁止。用肥皂水或离子清洁仪清洗简单、有效且适用于所有宝石。

附录

实验室推荐名单

American Gemological Laboratories （AGL）

580 Fifth Ave., Ste. 706 New York, NY 10036

美国宝石实验室

地址：纽约州纽约市第五大道 580 号 706 室　邮编：NY 10036

American Gem Society Laboratories（AGSL）

8881 W. Sahara Ave.Las Vegas, NV 89117

美国宝石协会实验室

地址：美国内华达州拉斯维加斯市撒哈拉大道西 8881 号

邮编：NV 89117

CISGEM-External Service for Precious Stones

Viale Achille Papa, 30 20149 Milano, Italy

宝石信息中心实验室对外服务部

地址：意大利米兰市维亚莱・阿喀琉斯・帕帕街 30 号

邮编：20149

Gem Certification and Assurance Lab （GCAL）
580 Fifth Ave., Ste. LL New York, NY 10036
宝石鉴定及保障实验室
地址：纽约州纽约市第五大道580号LL室 邮编：NY 10036

GEMLAB Laboratory for Gemstone Analysis and Gemological Reports
Gewerbestrasse 3 FL-9496 Balzers, Principality of Liechtenstein
宝石分析与宝石学报告实验室
地址：列支敦士登公国巴尔查斯镇格威比大街3号 邮编：FL-9496

Gemological Institute of America （GIA）
580 Fifth Ave., Ste. 200.New York, NY 10036 and 5345 Armada Dr.Carlsbad, CA 92008
美国宝石学院
地址：纽约州纽约市第五大道580号200室 邮编：NY 10036
加利福尼亚州卡尔斯巴德市舰队街5345号 邮编：CA 92008

German Gem Lab （DSEF）
Prof.-Schlossmacher-Str. 1 D-55743 Idar-Oberstein, Germany
德国宝石实验室
地址：德国伊达尔-奥伯施泰因市施洛斯马赫大街1号 邮编：D-55743

Gübelin Gem Lab
Maihof strasse 102 6006 Lucerne, Switzerland
古宝琳宝石实验室
地址：瑞士卢塞恩市麦霍夫大街102号 邮编：CH-6006

Hoge Raad voor Diamant （HRD）
Hoveniers straat 22 BE-2018 Antwerp, Belgium
比利时钻石高阶议会
地址：比利时安特卫普市霍芬内大街 22 号　邮编：BE-2018

Professional Gem Sciences（PGS）
5 S. Wabash Ave., Ste. 1905.Chicago, IL 60603
专业宝石科技实验室
地址：美国伊利诺伊州芝加哥市南沃巴什大街 5 号 1905 室
邮编：IL 60603

Swiss Gemmological Institute （SSEF）
Falkner strasse 9 CH-4001 Basel, Switzerland
瑞士宝石研究所
地址：瑞士巴塞尔市福克纳大街 9 号 邮编：CH-4001

Asian Institute of Gemological Sciences（AIGS）
Jewelry Trade Center,6th Fl.919/1 Silom Rd.Bangrak,
Bangkok 10500 Thailand
亚洲宝石学院宝石贸易中心
地址：泰国曼谷是隆大街 919/1 号 6 层　邮编：10500

Gem and Jewelry Institute of Thailand（GIT） Gem Testing
Laboratory（GTL）
Gem Research and Testing Bldg.,5th Fl.Faculty of Science,Chulalongkorn
University Phayathai Rd.,Patumwan,Bangkok 10330 Thailand
泰国宝石首饰学院宝石测试实验室
地址：泰国曼谷巴都湾帕亚泰街朱拉隆功大学
宝石研究和测试大厦 5 层科学院　邮编：10330

Gemological Association of All Japan 8F Daiwa-Ueno Building
5-25-11 Ueno,Taito-ku Tokyo 110-0005,Japan
全日本宝石学协会
地址：日本东京都台东区上野 5-25-11Daiwa-Ueno 大厦 8 层
邮编：110-0005

作品选读

Arem, Joel E. *Color Encyclopedia of Gemstones.* 2nd ed. New York: Van Nostrand Reinhold,1987.

艾米，乔尔·E.，《彩色宝石百科全书》第二版，纽约：范·诺斯特兰德·林霍德，1987。精美的图片使得这本书对于任何人来说都很有趣。对于宝石学家而言是不可多得的宝贵参考书。

Downing, Paul B. *Opal Identification and Value*. 2nd ed. Baldwin Park, Calif.: Gem Guides, 2002.

唐宁，保罗·B.，《欧泊的鉴别与价值》第二版，加州，鲍德温公园：宝石指南，2002。本书为欧泊的狂热爱好者而量身定做。附零售价建议。

Gübelin, Eduard J.,and J.I. Koivula. *Photoatlas of Inclusions in Gemstones*. Zurich: ABC Editions, 1986.

古宝琳，爱德华·J. 科伊武拉·J. I.，《宝石内含物图册》，苏黎世：ABC 版，1986。本书全面收集了所拍摄过的包裹体图片。

Hughes, Richard W. *Ruby & Sapphire*. Boulder, Colo.: RWH,1997.

休斯，理查德·W.，《红宝石和蓝宝石的热处理》，科罗拉多州，博尔德：RWH，1997。

Keverne, Roger, ed. *Jade*. New York: Lorenz Books, 2000.

凯弗恩，罗杰（编），《翡翠》，纽约：洛伦兹图书，2000。本书极好，内容广博，附有 450 张丰富的图片。

Antoinette. Matlins *Engagement & Wedding Rings: The Definitive Buying Guide for People in Love*.3rd ed.Woodstock,Vt.: GemStone Press,2003.

安托瓦内特·马特林斯，《承诺与婚戒：给沉浸爱河中的人的权威购买指南》第三版，佛蒙特州，伍德斯托克：宝石出版社，2003。本书附有从 15 世纪至今的戒指的精美图片。

Jewelry & Gems at Auction: The Definitive Guide to Buying & Selling at the Auction House & on Internet Auction Sites. Woodstock,Vt.: GemStone Press,2002.

《珠宝和宝石拍卖指南：在拍卖行和互联网拍卖网站购买及销售指南》，佛蒙特州，伍德斯托克：宝石出版社，2000。随着通过拍卖会购买或出售珠宝的方式逐渐变成主流，这本书告诉消费者若想参与这个“游戏”所需要知道的所有信息。

A. C. Bonanno. *Gem Identification Made Easy: A Hands-On Guide to More Confident Buying & Selling*. 5rd ed. Woodstock, Vt.: GemStone Press, 2014.

A. C. 博南诺，《宝石鉴定》，佛蒙特州，伍德斯托克：宝石出版社，2014。这是一本让任何人都可以进行宝石鉴定的非技术性，甚至没有任何科学背景的书。入门者“必备”，而有经验者也可以学习一些小窍门，实用且简单易懂。

Jewelry & Gems: The Buying Guide——How Buy Diamonds, Pearls, Colored Gemstones, Gold & Jewelry with Confidence and Knowledge. 7th ed. Woodstock, Vt.: GemStone Press, 2009.

《珠宝和宝石：购买指南》第七版，佛蒙特州，伍德斯托克：宝石出版社，2009。本书涉及购买和品鉴珠宝、宝石的方方面面。

Nassau, Kurt. *Gemstone Enhancement: History, Science and State of the Art.* Woburn, Mass.: Butterworth-Heinemann, 1994.

拿索，库尔特，《宝石改善：历史、科学以及最新发展水平》，马萨诸塞州，沃本：巴特沃斯－海涅曼，1994。本书全面且易于理解。

O' Donoghue, Michael. *Gemstones.* New York: Chapman & Hall, 1988.

奥多诺霍，米歇尔，《宝石》，纽约：查普曼和霍尔公司，1988。本书是一本优质的图片集，一本优秀的通用参考书。

Schumann, Walter. *Gemstones of the World.* 4th ed.Translated by E. Stern. New York: Sterling, 2009.

舒曼，沃尔特，《宝石世界》第四版，E. 斯特恩 译，纽约：斯特林，2009。本书是优质的色板。

Sinkankas, John. *Emerald and Other Beryls.* Tucson, Ariz.: Geoscience Press/Harbinger House, 1994.

斯坎卡斯，乔，《祖母绿与其他绿柱石》，亚利桑那州，图森市：地球科学出版社 / 先驱者之屋，1994。本书是关于绿柱石家族的经典之作。

Weber, Christianne, and Wilhelm Lindemann. *Reflections in Stone: Bernd Munsteiner*. Stuttgart, Germany: Arnoldsche Art Publishers, 2004.

韦伯，克里斯蒂娜，《沉思宝石：贝恩德·蒙施泰纳》，德国斯图加特：阿诺德艺术出版社，2004。本书介绍了这位传奇珠宝雕刻先驱的故事。作品图像高清。

Wise, Richard W. *Secrets of the Gem Trade: The Connoisseur's Guide To Precious Gemstones*. Lenox, Mass.: Brunswick House Press, 2006.

怀斯，理查德·W.，《宝石贸易的秘密：宝石鉴赏家指南》，马萨诸塞州，雷诺克斯：布伦瑞克出版社，2006。本书含有精美的珍贵宝石图片，还有关于把宝石带入市场及质量评判方面的有趣见解。

Zeitner, June C. *Gem and Lapidary Materials: For Cutters, Collectors, and Jewelers.* Tucson, Ariz: Geoscience Press, 1996.

曾特纳，琼·C.，《宝石和宝石材料：为切磨工、收集者和珠宝商而著》，亚利桑那州，图森市：地球科学出版社，1996。这是一本关于宝石及如何将它们做成流行工艺品的精美插画书。

图片出处注明

黑白图片及插图

所有插图由凯瑟琳·鲁宾逊（Kathleen Robinson）提供。

第 45 页：弧面型祖母绿戒指由珍贵宝石资源协会主席杰克·亚伯拉罕（Jack Abraham）提供。

彩色图片

我们要感谢为本书提供彩色图片的以下人员及公司：

彩色插图一（最珍稀的彩色宝石）

第 1 页：由杰克·亚伯拉罕提供，珍贵宝石资源协会主席。

第 2 页：星光红宝石来自国际彩色宝石协会（International Colored Gemstone Association，ICA）［巴特·柯伦（Bart Curran）

摄］。选用的红色及粉色宝石和菱锰矿来自帕拉（Pala）国际公司［斯凯·霍尔（Sky Hall）摄］。红色绿柱石来自雷克斯·哈里斯（Rex Harris）（斯凯·霍尔摄）。

第 3 页：星光蓝宝石来自 ICA（巴特·柯伦摄）。选用的蓝色宝石来自帕拉国际公司（斯凯·霍尔摄）。硅孔雀石来自 AGTA，由 AGTA 顶尖切工大赛获胜者格伦·莱勒（Glenn Lehrer）切磨（斯凯·霍尔摄）。蓝色帕拉伊巴碧玺来自辛西娅·勒妮（Cynthia Renee）公司［罗伯特·韦尔登（Robert Weldon）摄］。

第 4 页：黄色和橙色宝石样品来自帕拉国际公司（斯凯·霍尔摄）。托帕石来自 AGTA（自然艺术公司拍摄）。日光石来自 Ponderosa 矿产公司（巴特·柯伦摄）。蓝宝石、红柱石以及猫眼来自 Krementz 宝石（斯凯·霍尔摄）。下凹刻面的花式切工黄晶来自 AGTA，由顶尖切工大赛获胜者、宝石鉴赏家理查德·霍默（Richard Homer）切磨（斯凯·霍尔摄）。黄色绿柱石来自 AGTA，由顶尖切工大赛获奖者卡尔·伊根·怀尔德（Karl Egan Wilde）切磨（斯凯·霍尔摄）。

第 5 页：绿色宝石样品及沙弗莱石来自帕拉国际公司（斯凯·霍尔摄）。祖母绿型切工来自 ICA（斯凯·霍尔摄）。帕拉伊巴碧玺来自 Cynthia Renee 公司（罗伯特·韦尔登摄）。实验室合成宝石来自查塔姆合成宝石。装饰艺术时期的翡翠胸针来自佳士得，纽约。

第 6 页：安达穆卡晶体欧泊和安达穆卡脉石欧泊珠以及两颗随形黑欧泊来自西部欧泊（斯凯·霍尔摄）。墨西哥欧泊

“火”和椭圆弧面黑欧泊来自 ICA（巴特·柯伦摄）。

第 7 页：泪滴琢型的钻石来自 Rough and Ready 珠宝［阿扎德（Azad）摄］。具圆三角形腰棱的琢型来自戴维·布拉克纳（罗伯特·韦尔登摄）。椭圆形琢型、圆钻型、坐垫形琢型和祖母绿琢型的钻石来自约翰·帕里什（John Parrish）。马眼形琢型和梨形琢型来自斯凯·霍尔。公主方形琢型来自朗讯钻石［蒂诺·哈来德（Tino Hammid）摄］。弧面型宝石来自詹姆斯·阿尔杰（James Alger）［范佩尔特（Van Pelt）摄］。

第 8~11 页：对所有的宝石加工师、艺术家、设计师以及所列举公司致以最崇高的敬意。

第 12 页：腰带扣来自伊丽莎白·拉德（Elizabeth Rard）工作室。弧面型宝石以及串珠的图片（斯凯·霍尔摄）。玛瑙“赛多纳的美景”来自稀土矿物公司，特兰伯尔，康涅狄格州。

彩色插图二（彩色宝石和伟大的设计）

第 1 页：感谢韦文氏（Krementz）宝石公司。

第 2 页：经典椭圆形，从左上方顺时针，依次来自：詹姆斯·布雷斯基（James Breski），以及一件私人收藏片［蒂伯尔·奥尔通伊（Tibor Ardai）］。祖母绿型切工，从左上方按顺时针方向，依次来自：安帝古伦拍卖行；巴尼特·鲁宾逊（Barnett Robinson）；Russ Coping 来自供职于美国珠宝商联合会的杰弗里·库德利克（Geoffrey Kudlick）；巴尼特·鲁宾逊；坐垫形琢型切工，从左起依次来自：巴尼特·鲁宾逊；韦文氏宝石公司和珍贵宝石公司。公主方形琢型切工来自克里斯·科雷亚（Chris Correia）。

第 3 页：向所列艺术家、设计师以及公司致以最诚挚的谢意。西蒙·G. 珠宝（Simon G. Jewelry）提供戒指。韦文氏宝石公司提供戒指。詹姆斯·布雷斯基提供经典宝石戒指。

第 4 页：向所列艺术家、设计师以及公司致以最诚挚的谢意。克劳德·蒂波多（Claude Thibaudeau）提供克劳德·蒂波多·蒙特利尔（Claude Thibaudeau Montreal）戒指。Nikolai 提供戒指。

第 5 页：向所列艺术家、设计师以及公司致以最诚挚的谢意。斯特凡·哈夫纳（Stefan Hafner）提供斯特凡·哈夫纳系列藏品。提供塔玛拉·科莫利（Tamara Comolli）戒指的塔玛拉·科莫利高级珠宝藏品。

第 6~8 页：向所列艺术家、设计师以及公司致以最诚挚的谢意。

第 9 页：向所列艺术家、设计师以及公司致以最诚挚的谢意。初期设计来自美国贝拉里（BELLARRI）国际公司的设计师贝拉里（Bellarri）。提供塔玛拉·科莫利系列作品的塔玛拉·科莫利珠宝系列。

第 10 页：向所列艺术家、设计师以及公司致以最诚挚的谢意。提供戴弗鲁曼（De Vroomen）系列作品的戴弗鲁曼（De Vroomen），伦敦。吊坠和耳环。

第 11 页：向所列艺术家、设计师以及公司致以最诚挚的谢意。初期设计来自美国贝拉里国际公司的设计师贝拉里。戒指由韦文氏宝石公司提供。

第 12 页：向所列艺术家、设计师以及公司致以最诚挚的谢意。塔玛拉・科莫利手镯出自塔玛拉・科莫利高级珠宝藏品公司。图片由奈富科（Nafco）有限公司提供。吊坠和耳环由帕特里克・T. 墨菲（Patrick T. Murphy）提供。

RKG1866

图书在版编目（CIP）数据

彩色宝石 /（美）安托瓦内特·马特林斯著 ；高芯蕊译. —— 北京 ：中国友谊出版公司，2025.8
ISBN 978-7-5057-5863-6

Ⅰ. ①彩… Ⅱ. ①安… ②高… Ⅲ. ①宝石－基本知识 Ⅳ. ①TS933.21

中国国家版本馆CIP数据核字(2024)第078669号

著作权合同登记号 图字：01-2023-4362

Colored Gemstones: The Antoinette Matlins Buying Guide, 3rd edition, 2010 by Antoinette Matlins
All published in English by GemStone Press, a division of LongHill Partners, Inc., Woodstock, Vermont 05091 USA
www.gemstonepress.com

书名 彩色宝石
作者 [美] 安托瓦内特·马特林斯
译者 高芯蕊
出版 中国友谊出版公司
发行 中国友谊出版公司
经销 新华书店
印刷 北京中科印刷有限公司
规格 880毫米×1230毫米 32开
9.75印张 210千字
版次 2025年8月第1版
印次 2025年8月第1次印刷
书号 ISBN 978-7-5057-5863-6
定价 128.00元
地址 北京市朝阳区西坝河南里17号楼
邮编 100028
电话 (010) 64678009

如发现图书质量问题，可联系调换。质量投诉电话：（010）59799930-601

新奇有趣

出 品 人：许　永
出版统筹：林园林
责任编辑：许宗华
特邀编辑：吴福顺
封面设计：海　云
版式设计：万　雪
印制总监：蒋　波
发行总监：田峰峥

发　　行：北京创美汇品图书有限公司
发行热线：010-59799930
投稿信箱：cmsdbj@163.com